Bruno P. Kremer und Klaus Richarz

Ins Bockshorn gejagt

Tierische Sprichwörter und blumige Redewendungen

THEISS

Die Deutsche Nationalbibliothek verzeichnet diese Publikation
in der Deutschen Nationalbibliografie;
detaillierte bibliografische Daten sind im Internet über
http://dnb.d-nb.de abrufbar.

Der Konrad Theiss Verlag ist ein Imprint der WBG

Die Herausgabe des Werkes wurde durch die
Vereinsmitglieder der WBG ermöglicht.
Satz: Janß GmbH, Pfungstadt
Einbandabbildung: Pieter Bruegel der Ältere:
Die niederländischen Sprichwörter © Wikimedia. commons
Einbandgestaltung: Stefan Schmid Design, Stuttgart
Gedruckt auf säurefreiem und alterungsbeständigem Papier
Printed in Germany

Besuchen Sie uns im Internet: www.wbg-wissenverbindet.de

ISBN 978-3-8062-3016-1

Elektronisch sind folgende Ausgaben erhältlich:
eBook (PDF): 978-3-8062-3052-9
eBook (epub): 978-3-8062-3053-6

Inhalt

Richtig gut drauf – mit den passenden Vergleichen

Das haben Sie mit Sicherheit schon einmal erlebt: Da flattert Ihnen ein amtliches Papier ins Haus, Sie fühlen sich wie vor den Kopf gestoßen und sind der Meinung, das schlage dem Fass den Boden aus. Sofort schnüren Sie das Bündel, begeben sich flugs eiligen Schenkels zur Behörde, nehmen den Sachbearbeiter aufs Korn und rücken ihn zurecht, dass die Heide wackelt. Nachdem ihm endlich der Groschen gefallen ist, fühlt er sich auf den Schwanz getreten, ist sofort aus dem Häuschen, winkt mit dem Zaunpfahl und steckt Ihnen ein Licht auf. Das bringt Sie erst recht in Harnisch. Sie wittern Morgenluft, legen sich ins Zeug und reden den Griffelspitzer – wie der Schnabel gewachsen ist – in Grund und Boden …

Mehr als ein Dutzend Redensarten mit bildhaftem Vergleich aus völlig anderen Situationen sind in diesen wenigen Zeilen enthalten – ein klarer Beweis dafür, dass sie aus der gut gewürzten Alltagssprache nicht wegzudenken sind, auch wenn man sie normalerweise etwas zurückhaltender dosiert als in der Beispielgeschichte. Ohne Bilder, die sie mit einfachen Worten in den Köpfen erzeugt, kommt Sprache einfach nicht aus – weder in der Trivialliteratur noch in ernst gemeinten Sachtexten. Der Unterschied zwischen der nüchtern distanzierten Beschreibung eines Sachverhaltes und einem bildhaften sowie treffenden Vergleich ist, wie Mark Twain es einmal formulierte, ähnlich wie der zwischen einem Glühwürmchen und einem Blitzschlag. Bilder bzw. bildhafte Vergleiche verstärken die gesprochene oder geschriebene Botschaft, beleuchten Zusammenhänge aus einem anderen Blickwinkel, veranschaulichen buchstäblich und erleichtern den Zugang zum besseren Erfassen der Mitteilung, auch wenn sie die Gedanken zunächst einmal auf einen Nebenschauplatz lenken. Im Fachjargon der Sprachwissenschaft nennt man solche bildhaften Verständnisbrücken Metaphern oder spricht fallweise auch von Metaphorik oder Idiomatik. Fachleute unterscheiden dabei genauer zwischen formelhaften Vergleichen, Routineformeln, Redensarten, Sprichwörtern und Zitaten. Auf solche stilistischen Sektionsübungen werden wir hier verzichten. Der Umgang mit den Vergleichsbildern lockt allerdings gelegentlich auf spiegelglattes Eis und lässt erbarmungslos straucheln, wenn die

Aussage allzu sehr in Schieflage gerät und deswegen grotesk wirkt („Der Schokoladenhase ist das Zugpferd der Osterartikel"). Eine gekonnte, wenngleich fallweise vielleicht etwas riskante Metaphorik liefert dagegen die nötigen Pfefferkörner zu einer gut gewürzten Speise („Sie lächelte wie ein verkatertes Girl aus der Margarinewerbung").

Oft genug geht es bei den Redewendungen auch richtig tierisch zu. Sprachpuristen betonen übrigens, es müsse „tierlich" heißen, weil man ja auch „pflanzlich" bzw. „pilzlich" sagt. Ebenso wie man selbst in betont vornehmen Kreisen bei der Kennzeichnung von Art- und Zeitgenossen gelegentliche heftige Anleihen bei Fauna („Du dumme Kuh") und Flora („Du taube Nuss") wahrnimmt, verwendet die um nachdrückliche Kraftwirkung bemühte gesprochene oder geschriebene Sprache nicht nur im Alltagsgebrauch bereitwillig und sehr gerne plastisch-bildhafte Vergleiche aus dem Pflanzen- oder Tierreich. Obwohl sie, genauer betrachtet, nicht selten ziemlich komisch, häufig genug auch recht derb, aber fast immer erfrischend saftig sind, wurden sie zu häufig zitierten Redewendungen bzw. sprichwörtlichen Redensarten. Damit dienen sie sozusagen als beliebte und gern genutzte, aber zugegebenermaßen nicht immer wörtlich zu verstehende Fertigbauteile für Sätze und Texte, weil sie eben durch ihre besondere Anschaulichkeit überzeugen. In fast allen Kommunikationssituationen – von der umgangssprachlichen Stammtischunterhaltung über die Trivialliteratur bis zur Festrede in den wohlgesetzten Worten der gehobenen Standardsprache – bieten sie als Stilmittel eine enorme Bereicherung unserer Ausdrucksfähigkeit. Auch wenn man ihren Gehalt und Mitteilungswert sofort versteht und eventuell sogar aus der eigenen Naturerfahrung ableiten kann („Stolz wie ein Pfau", „Zittern wie Espenlaub"), ist ihre spezielle Botschaft oder die Sinnübertragung in anderen Fällen zwar sofort verständlich, aber aus den Einzelbegriffen nicht direkt zu erklären („Auf den Hund kommen", „Das geht auf keine Kuhhaut"). Oft nämlich stecken in solchen Redewendungen bzw. Redensarten Hinweise oder Vergleiche aus längst verschütteten Horizonten unserer Kulturgeschichte, die man erst mühsam freilegen muss, um ihre ursprüngliche Bedeutung vor Augen zu haben. Die mittelalterliche Rechtspflege oder das Militär sind dabei ebenso vertreten wie die Handwerker- bzw. Berufsfachsprachen zurückliegender Jahrzehnte oder gar Jahrhunderte.

Rund 250 naturkundlich basierten Redewendungen gehen wir hier auf den Grund, die überwiegend an heimische Pflanzen, Tiere und Pilze anknüpfen und damit eine biologisch breite Palette von Möglichkeiten anbieten, wenn es darum geht, die Sprache bildreich zu beleben und zu vertiefen. Diese Kuh holen wir jetzt einmal vom Eis!

Von Kraut und Rüben – Kräuter und Stauden in Redensarten

Was mag es bloß bedeuten, wenn jemand das Gras wachsen hört und alles ins Kraut schießen lässt? Hat der sich zuvor in die Nesseln gesetzt oder sticht den gar der Hafer? Und das alles in einer Angelegenheit, die nicht einmal die Bohne wert ist. Das macht jetzt den Kohl auch nicht fett, weil er doch bloß wieder Binsenweisheiten von sich gibt, ohne durch die Blume zu sprechen.

Vom sprichwörtlich grünen Klee bis zu den Tomaten auf den Augen schlängelt sich ein themenreicher Weg durch etliche Jahrhunderte europäischer Kulturgeschichte. Alles Banane? Und jetzt wollen wir keine Erbsen mehr zählen, sondern trennen die Spreu vom Weizen. Und dann haben wir den Salat.

Ausgerechnet **Bananen**

Das fehlt uns gerade noch!

„Yes, we have bananas", lautete ein amerikanischer Schlager nach dem Ersten Weltkrieg, aus dem (auch) in der deutschen Fassung „Ausgerechnet Bananen, Bananen verlangt sie von mir!" ein echter Hit wurde. Heute wird der Spruch vor allem dann eingesetzt, wenn „auch das noch!" von jemandem abverlangt wird. Wenn die Situationen nicht ganz so sind, wie sie sein sollen, ist eben „alles Banane".

Aktueller als diese beiden Ausrufe ist allerdings der Begriff „Bananenrepublik". Ursprünglich etwas verächtlich auf kleinere mittelamerikanische Länder gemünzt, die ganz oder zu großen Teilen vom Bananenexport lebten. Gemeint waren vor allem Honduras, Nicaragua und Panama, deren politische Geschicke über lange Zeit von den US-amerikanischen Südfruchtexporteuren United Fruit Company (Chiquita) und Standard Fruit Company (Dole) beeinflusst waren. Deren wirtschaftliche Macht war größer als die der betreffenden Regierungen. Den Begriff selbst prägte wohl der amerikanische Autor William Sydney Porter. In seiner 1904 veröffentlichten Novelle *Cabbages and Kings* findet sich der wohl auf Honduras anspielende Satz: „At that time we had a treaty with about every foreign country except Belgium and that banana republic, Anchuria."

Im satirisch-polemisch-kabarettistischen Kontext vernimmt man den Begriff „Bananenrepublik" gelegentlich auch als verbale Waffe gegen Länder, deren politische Kultur man mit Korruption in Zusammenhang bringt. Für Deutschland wurde das längst eingeführte Akronym BRD zeitweilig gar zum Backronym **B**ananen**R**epublik **D**eutschland umgedeutet. In Deutschland war der Begriff Bananenrepublik 1984 für das Wort des Jahres nominiert. Unklar ist, warum ein bemerkenswert erfolgreich operierendes amerikanisches Modehandelsunternehmen ausgerechnet die *Banana Republic* zum Firmennamen kürte.

In weniger als 100 Jahren wurde die Banane zu einem in vielen Zusammenhängen gerne wahrgenommenen Objekt und entwickelte so wie kaum eine andere Tropenfrucht ihre eigene Kulturgeschichte. So erfreuten sich die Kinobesucher der Stummfilmzeit geradezu königlich an den Slapstickeinlagen mit misslich-peinlichen Ausrutschern auf der achtlos weggeworfenen Bananenschale. In den 1920er Jahren tanzte der amerikanische Revuestar Josephine Baker nur spärlichst bekleidet mit einem Bananenröckchen und verlieh ihr damit ein heftig exotisch-erotisches Image. In den 1960er Jahren wählte Andy Warhol die schlanke Frucht als Pop-Art-Objekt und fand damit viele Nachahmer, so beispielsweise in Köln. Schließlich war die überreichte Banane ein fester Bestandteil des Begrüßungsrituals der ab Spätherbst 1989 in den Westen drängenden DDR-Bürger.

Warum ist die **Banane** krumm?

Eine scheinbar nicht zu beantwortende Frage

So verschieden die Früchte der Saison, von den Frühkirschen bis zu den spät gelesenen Weinbeeren, auch sein mögen – eines ist ihnen allen gemeinsam: Sie gehören überwiegend zu den zweikeimblättrigen Pflanzen. Dagegen sind die Einkeimblättrigen unter den wirtschaftlich relevanten Obst liefernden Arten stark unterrepräsentiert. Die Bromeliengewächse mit der köstlichen Ananas gehören zu dieser Pflanzenklasse, auch die klebrig-zuckrigen Datteln aus der Familie der Palmen, die uns aus den arabischen Ländern erreichen, und eben auch die Banane aus der artenreichen Familie der Bananengewächse. Nach ihrem Weltmarktanteil belegt sie vor den meisten anderen Tropenfrüchten immerhin den vordersten Rang. Vieles an dieser Pflanze ist ungewöhnlich – schon allein die Tatsache, dass die längliche, gekrümmte Frucht nach botanischen Kriterien eine fünfkantige Beere ist.

Warum die Banane krumm ist, beschäftigt die Gemüter schon seit Jahrzehnten und steht geradezu gleichnishaft für törichte, weil vermeintlich nicht wirklich erklärbare Fragen. Dabei ist die Sache ganz einfach. Die Fruchtform erklärt sich zwangsläufig aus ihrer Entwicklung. Vor allem afrikanische sowie mittel- und südamerikanische Länder liefern heute den größten Anteil an Bananen für den Weltmarkt. Manche handelten sich dafür die unbegründet verächtliche Bezeichnung „Bananenrepublik" ein.

Höchst ungewöhnlich ist der mächtige Blütenstand der Bananenpflanzen, der nach Größe und Gewicht zweifellos zu den Rekordleistungen des Pflanzenreiches zählt. Bei den Wildformen und auch bei den Kulturbananen hängt er im Bogen aus dem Trichter der großen Blätter heraus. Etwas vereinfacht könnte man ihn als eine ins Riesenhafte gesteigerte Ähre mit abwärts gekrümmter Achse auffassen. Daran stehen – vergleichbar den Ährenspelzen bei den Gräsern oder den Schuppen eines Zapfens – in dichter, schraubiger Folge handflächengroße Tragblätter von eigenartig schwarzroter, dunkelpurpurner oder grünvioletter Färbung. In ihrer Achse entwickeln sich – von außen zunächst nicht sichtbar – die einzelnen Blüten. Sie sind unter den dunklen Tragblättern gruppenweise in Querreihen angeordnet, die man Kämme oder Hände nennt. Unter den untersten (beim hängenden Blütenstand also zuoberst angebrachten) Tragblättern sitzen rein weibliche Blüten; nur daraus entwickeln sich Früchte. Weil die geschlossenen Tragblätter die seitlich ansitzenden Blüten umbiegen und in eine achsenparallele Position zwingen, beantwortet sich auch gleich die klassische Frage, warum die Banane eigentlich krumm ist. Allerdings sind sie abwärts bzw. zur Spitze des Blütenstandes gekrümmt. Erst mit beginnender Reife biegen sie nach oben um, weil alle oberirdischen Pflanzenteile normalerweise eben nach oben wachsen.

Die einzelnen Blütengruppen blühen in ungefähr eintägigem Abstand nacheinander auf. Dazu hebt sich mit beginnender Dunkelheit dasjenige Tragblatt, welches gerade an der Reihe ist, aus dem dachziegelartig dichten Verband der Nachfolger seitlich hoch und spreizt sich innerhalb der nächsten Stunde fast waagerecht ab.

Jetzt müssen die Pflanzen mit besonderen Duftsignalen die spezifischen Besucher und Bestäuber auf ihre Blüten aufmerksam machen. Der späte Öffnungstermin lässt vermuten, dass sie an nachtaktiver Kundschaft adressiert sind. Tatsächlich sind Flughunde und Fledermäuse (bei sehr wenigen, jedoch tagblütigen Arten auch Vögel) die heftig umworbenen Blütengäste. Bei den Kulturbananen ist der normale biologische Ablauf entkoppelt – die Blüten bieten ihren Besuchern zwar nach wie vor Pollen und Nektar an, aber die Fruchtentwicklung erfolgt ausnahmsweise ohne vorherige Bestäubung und Befruchtung. Die Folgen sind an jeder Banane vom Wochenmarkt zu sehen: Sie enthalten keine Samen, sondern in der Mitte des Fruchtfleisches nur die schwärzlichen, auf Sandkorngröße verkümmerten Reste unentwickelter Samenanlagen. Eine einzige Bananenstaude kann bis zu 20 Jahre lang Früchte hervorbringen. Außerdem hat sie keine ausgeprägte Saison – Bananen gibt es aus jedem Anbaugebiet rund ums Jahr. Die Hauptproduzenten Brasilien und Indien nehmen am Welthandel allerdings kaum teil. Unsere marktüblichen Bananen stammen meist aus Costa Rica.

Aus der heutigen Wirtschaftsgeografie ist nicht auf die eigentlichen Stammländer der Banane zu schließen. Sie ist keine afrikanische Pflanze und stammt auch nicht – wie Alexander von Humboldt meinte – aus dem tropischen Amerika, sondern aus Südostasien, vor allem aus dem malaiischen Raum. Dafür gibt es unter anderem auch ein völkerkundliches Argument: Von allen frühen Hochkulturen der Alten Welt sind Bananendarstellungen bekannt, nicht jedoch von den Bildwerken der Indianer. Von den Arabern erhielt sie ihren Namen: *banan* heißt im Arabischen Finger. Über das portugiesische *banana* kam diese Bezeichnung fast unverändert zu uns. Erst 1892 wurde übrigens die erste Bananenladung in Hamburg angeliefert. Den wissenschaftlichen Gattungsnamen *Musa* wählte der schwedische Botaniker Carl von Linné (1707–1778) in seinem 1735 erschienenen Standardwerk ohne direkt erkennbaren Bezug nach Antonius Musa, dem Leibarzt des römischen Kaisers Augustus.

In die **Binsen** gehen

Knapp daneben ist auch vorbei

Binsen sind Pflanzen mit unscheinbaren braungrünen Blüten(ständen) und extrem schlanken Halmen, die zwar so aussehen wie Gräser, aber tatsächlich keine sind, sondern in der systematischen Botanik als Vertreter einer eigenen Pflanzenfamilie geführt werden. Wo sie in größerer Menge wachsen, muss man auf jeden Fall mit nassen Füßen rechnen.

Wie im richtigen Leben geht auch bei der Jagd der eine oder andere Schuss bedauerlicher- oder glücklicherweise voll daneben – je nach Perspektive. Ein Jäger auf Entenjagd – im Nachruf der unglücklichen Opfer auf der Speisekarte spricht man von Flugenten – trifft mit seiner giftig-umweltrelevanten Bleischrotladung nicht immer gut und schon gar nicht zielgenau. Eine nur angeschossene, aber ansonsten noch einigermaßen agile Ente rettet sich möglichst umgehend in die dichten Binsen ihres Wohngewässers, und dort ist sie weder für einen wasserscheuen Jäger noch für den angesetzten Jagdhund besonders gut erreichbar. Wenn jemandem etwas in die Binsen gegangen ist, kann man die Sache selbst also getrost aufgeben.

Eine **Binse**nweisheit von sich geben

Verpackte Luft

oder eine Binsenwahrheit verkünden heißt, eine banale Selbstverständlichkeit zu äußern bzw. nach bester Politikermanier einen einfachen Sachverhalt so verbrämt darzustellen, dass er keinerlei Erkenntniszugewinn bringt. Schon die römischen Komödiendichter Plautus und Terenz amüsierten sich darüber, wenn jemand „an einer Binse den Knoten" suchte (den sie als Vertreter der eigenständigen Pflanzenfamilie Binsengewächse im Unterschied zu den richtigen Grashalmen der Familie Süßgräser natürlich nicht hat) und damit Besonderheiten ergründen wollte, die so gar nicht bestehen.

Eine andere Deutung stammt aus Heidelberger Studentenkreisen: Als immer mehr Studiker im 19. Jahrhundert dazu übergingen, standesgemäß eine lange Tonpfeife zu rauchen, entwickelte sich bald ein neuer Erwerbszweig, nämlich der Handel mit getrockneten Binsenstängeln, die man – sie waren nämlich knotenfrei – recht praktisch zum effektiven Reinigen der verknöselten langen Pfeifenhälse verwenden konnte. Diesen Spezialhandel betrieb ein etwas einfältiger und wegen seines überschaubaren Warenangebots Binsenbub genannter Mensch. Wenn dieser eine Sache begriff, konnte es eben nur eine Binsenweisheit sein.

Durch die **Blume** sprechen

Diplomatie auf Umwegen

Männertreu, Maßliebchen, Rose, Vergissmeinnicht – so manche buntblumige Blüte hat einen besonderen Symbolwert und steht deswegen spätestens seit der Romantik als weithin verstandener Botschafter für Gefühle, die man zunächst noch nicht offen oder gar direkt ausspricht. Wer mit hochrotem Kopf eine ebensolche Rose zum Treffen auf der Parkbank mitbringt, wird auch ohne umständliche verbale Erläuterung verstanden. Im Biedermeier galt es in der feinen Gesellschaft überdies als besonders schick, sich mit Hilfe von speziell komponierten Blumengestecken und einer nach heutigem Empfinden reichlich gestelzten Blumensymbolik diffizile Botschaften zukommen zu lassen. Die Primel mag dazu als Kostprobe dienen: Der Absender verknüpfte damit die beglückende Nachricht, wonach „der Schlüssel zu meinem Himmel in deinem engelreinen Herzen liegt". Der Werbeslogan „Lasst Blumen sprechen" knüpft gezielt an diese romantische Tradition an.

„Durch die Blume sprechen" bedeutet demnach, eine Empfindung oder Mitteilung für den Adressaten nur andeutungsweise und zart verpackt, eben symbolisch, auszudrücken. Wer eine Sache „verblümt" zu verstehen gibt, verziert seine Botschaft gleichsam mit floralem Dekor und nimmt ihr dabei die ansonsten womöglich schonungslose Direktheit. Auf diese Weise gelingt es, in einer Auseinandersetzung seinem Gegenüber auch eine betont bittere Pille zu versüßen. Das Gegenteil stellt sich vergleichsweise brutal dar: Wenn jemand „unverblümt" seine Meinung äußert, nimmt er gewiss kein (Blüten-)Blatt vor den Mund, sondern redet Klartext ohne jeden Schnörkel. Das wirkt im Allgemeinen wie ein erfolgreicher Blattschuss. Sagt man etwa jemandem nach, er (sie) sei „wie eine Blume auf dem Mist", drückt man unmissverständlich aus, dass der oder die Betreffende fehl am Platz ist.

Mit dem Bild von der blumigen Verhüllung der Redeabsicht hängt übrigens auch der zu Recht nicht ganz positiv besetzte Begriff der Floskel zusammen – abgeleitet vom lateinischen *flosculum*, der Verkleinerungsform von *flos* (= Blüte). Wer ständig Floskeln gebraucht, redet blumig um eine Sache herum oder verschleiert eventuell seine wahren Absichten.

Somit ist die Flora für mancherlei Lebenslagen ein hilfreiches begriffliches Vehikel. Aus der Bestäubungsbiologie vieler buntblumiger Arten ist beispielsweise die folgende nette Formulierung abgeleitet: „Er flattert von einer Blüte zur anderen wie ein Schmetterling". Gemeint ist damit der unstete Liebhaber und Frauenheld. Ähnlich drücken es die Niederländer aus: „Hij is zoo wispelturig als een vlinder, die van de een bloemop de andere vliegt", und in Frankreich hört man dafür: „voleter comme un papillon de fleur en fleur".

Auch der Begriff Flora selbst ist eine genauere Inspektion wert. Pflanzen begegnen uns tatsächlich und buchstäblich auf Schritt und Tritt: als unauffällige Winzlinge in den Pflasterfugen, als grüne Spielwiese hinter dem Haus, als Bohnen, Erbsen, Kartoffeln und Möhren im Supermarkt oder als Sträucher und Bäume in Parkanlagen, an Straßenrändern oder irgendwo in der freien Landschaft. Für alle diese grünen Clubs – von den Blumentöpfen auf der Fensterbank über Nachbars Garten bis zum ausgedehnten Stadtwald – verwendet die Umgangssprache den Sammelausdruck Flora. Diese Bezeichnung ist lateinisch-römischen Ursprungs. Die alten Römer verwendeten den Namen *Flora* für ihre Göttin der Blüten und Gärten. Schon im Jahre 238 v. Chr. erbauten sie ihr im antiken Stadtzentrum von Rom nahe beim Circus Maximus einen eigenen Tempel. Selbstverständlich hatte sie ihre eigenen und meist ziemlich heftig begangenen Festtage: Die *Floralia* fanden jedes Jahr bezeichnenderweise von Ende April bis Anfang Mai statt, wenn auch im mediterranen Süden fast alles in Blüte steht. Die blumige Göttin Flora soll nach römischer Tradition passenderweise mit der einflussreichen und hochverehrten Ceres verwandt sein, der Göttin des Ackerbaus und aller der Ernährung dienenden Pflanzen. Ob die beiden nun Cousinen, Nichten oder gar Schwestern waren, verschweigt uns die römische Sagenwelt leider.

Immerhin steht der Begriff Flora seit weit über 2000 Jahren in Verbindung zur blühenden Pflanzenwelt. Begrifflich sind damit in vielen modernen europäischen Sprachen diejenigen Wörter eng verwandt, die Blüten bzw. Blumen bezeichnen, beispielsweise *flores* (spanisch), *fleurs* (französisch), *fiori* (italienisch) oder *flowers* (englisch). Außerdem hat man – schon im Altertum – von der Blumengöttin Flora verschiedene Vornamen abgeleitet. Typische antike „Hippies“ (wie man die nach ihrem Selbstverständnis so bezeichneten Blumenkinder der 1960er Jahre nannte) sind Florian und Florentine, aber auch Florentius und Florence – allesamt Vornamen, die man ab und zu auch heute noch oder schon wieder in den Namenslisten findet.

Auch in etliche andere Bereiche unseres heutigen Alltags hat sich die Göttin Flora eingeschlichen. Viele romantische Frühlingsgedichte und Kalendersprüche schwärmen ausdrücklich und ausgiebig vom Blütenflor, was eigentlich ein doppelt gemoppelter Pleonasmus ist wie weißer Schimmel oder schwarzer Rabe.

Abgesehen von der Wortverwendung im Alltag findet sich der Begriff Flora natürlich auch in der Wissenschaftssprache, und das ist für unsere Zwecke besonders aufschlussreich: Er bezeichnet hier einerseits die Gesamtheit aller Pflanzenarten, die in einem bestimmten Gebiet vorkommen. Die Flora von Deutschland, Österreich oder der Schweiz muss man sich also als eine Art Auflistung aller rund 3000 Pflanzenarten vorstellen, die in dem genannten Gebiet vorkommen. Oder etwas griffiger ausgedrückt:

Die Flora in dieser Begriffsbedeutung ist der Artenbestand einer bestimmten Region. Der geographische Zuschnitt ist dabei unerheblich. Man kann gleichermaßen von einer Flora der Ostseeinseln, Berlins, des Ruhrgebiets, des Oberrheingrabens oder der Südalpen sprechen.

Unter einer Flora versteht man andererseits in der Fachszene aber auch spezielle Bücher, die alle Pflanzenarten eines bestimmten Gebietes aufzählen und/oder genau beschreiben sowie meistens auch besondere Bestimmungsschlüssel anbieten, mit denen man den korrekten Namen einer konkreten Pflanzenart feststellen kann. Zum ersten Mal tritt der Begriff Flora in diesem Zusammenhang in der berühmten, bereits 1648 (also unmittelbar nach dem Dreißigjährigen Krieg) erschienenen „Flora Danica" von I. Pauli auf. Heute gibt es eine Vielzahl solcher Gebietsfloren.

Blümchenkaffee anbieten

Ein klarer Fall von Unterdosierung

Schwarz, heiß, süß – somit umfassend anregend (wie es eine südländisch inspirierte und durchaus erotisch gemeinte Notierung festhält) und dennoch rein pflanzlich ist Kaffee ein Getränk, das man aus den Folgeprodukten einer Blüte zubereitet, nämlich den gerösteten Samen (= Bohnen) aus den Steinfrüchten („Kaffeekirschen") des Kaffeestrauches, nicht jedoch aus kleinen Blüten. Die Redensart vom Blümchenkaffee stammt aus Sachsen (daher eigentlich „Bliimschengaffä") und hat folgende Ausgangslage: Manche der von der berühmten Porzellanmanufaktur Meißen hergestellten Kaffeetassen trugen auch auf der Innenseite ein hübsches florales Dekor. Wenn der darin ausgeschenkte Kaffee so dünn und durchsichtig war, dass man den Blütenschmuck erahnen oder gar genau erkennen konnte, war die Diagnose zweifelsfrei klar.

Ähnlich ist auch der Begriff „Bodenseh-Kaffee" zu verstehen, der eine freie Bodensicht bis zum Grund des Kaffeebechers erlaubt. Dessen Wirkung und Geschmack ist ähnlich zu bewerten wie der – beispielsweise im Rheinland – ausdrucklich so genannte und als Kaffee-Ersatz angebotene Malz- oder Zichorienkaffee, dem lokal und regional bis heute so bekannten „Muckefuck". Dieser Ausdruck entstand im frühen 19. Jahrhundert aus *mocca faux* (= falscher Mokka) und ist ein Beispiel für die vielen französischen Lehnwörter, die in der neueren Umgangssprache arg entstellt wurden, aber nach wie vor so in Gebrauch sind.

Nicht die **Bohne**

Kaum der Rede wert

„Keine Bohne wert" sagt man, wenn eine Sache als sehr geringfügig oder gar völlig wertlos erachtet wird. Warum gerade die Bohnen offenbar als so sprichwörtlich nichtig gelten, ist nur schwer nachvollziehbar. Immerhin gehören sie als Hülsenfrüchte mit (trocken) mehr als 20 Prozent Proteingehalt zu den wertvollsten Nahrungspflanzen überhaupt und außerdem kann man sie ohne nennenswerte Nährwerteinbußen über längere Zeit lagern. Damit sind sie deutlich praktischer als etwa das üblicherweise hochgeschätzte Frischgemüse.

Möglicherweise verachtet die Redensart von der Bohne den diätetisch so wertvollen Hülsenfruchtsamen aber gar nicht so, wie es das Sprichwort auf den ersten Blick unterstellt: Früher verwendete man Bohnen gelegentlich anstelle von Münzen als Spieleinsatz. Wenn eine Runde oder Spielsituation keine Aussicht auf Gewinn brachte, hielt man sein Spielkapital Bohne vorsichtshalber zurück – für ein aussichtsloses Unterfangen investiert man nicht einmal eine einzige (weil immer noch wertvolle) Bohne. Diese Deutung lässt sich unter anderem aus einer Liedzeile des Minnesängers Walther von der Vogelweide entnehmen.

Dumm wie **Bohnen**stroh

Ein hoffnungsloser Fall

Eine mangelnde Ausstattung mit Geistesgaben ist nach allgemeiner Einschätzung nicht besonders vorteilhaft. Dummheit, sprachlich eng verwandt mit Dumpfheit im Sinne von Wahrnehmungseinschränkung, ist daher zu allen Zeiten Gegenstand von Gelächter, Spott und Verachtung. Die Umgangssprache prägte für diese im Prinzip außerordentlich bedauernswerte Ausgangslage im Gehirn betroffener Zeitgenossen unverhältnismäßig viele bildhafte Ausdrücke bzw. Vergleiche, wobei sowohl die Technik wie auch die Natur die Anschauungsobjekte lieferten („Sprung in der Schüssel", „ein Rad ab haben", „Meise unter'm Pony" etc.).

So wie „leeres Stroh dreschen" nichts Nennenswertes mehr hergibt, ist „dumm wie Stroh" eine klare

Aussage zur vermuteten oder bestehenden Minderbegabung eines Gegenübers. Ganz ähnlich vermuten Behauptungen wie „nur Stroh im Kopf haben", dass beim so Qualifizierten die berühmten kleinen grauen Zellen wohl ein wenig unterrepräsentiert sind. Und weil es so schön klingt, verkürzt man die Diagnose gleich auf „strohdoof".

Das lautähnliche Bohnenstroh, der trockene, grobe, laut raschelnde Ernterückstand der Stangenbohnen, ist im Unterschied zum Getreidestroh zu fast nichts mehr zu gebrauchen – ähnlich wie ein extrem ungeschickter Mensch, dem man nachsagt, er sei so dumm wie Bohnenstroh.

Erbsen zählen

Sparsamkeit extrem

Die verbreitete Redewendung „Jemand kann jetzt Erbsen zählen" umschreibt die bedauerliche Tatsache, dass der/die Betreffende arbeits- oder zumindest beschäftigungslos ist und eine Anregung zum Zeitvertreib benötigt. Sagt man jemandem nach, er sei aber ein „Erbsenzähler", geht es weniger um sein Beschäftigungsverhältnis, sondern eher um seine Gemütsverfassung: Der so gekennzeichnete Mitmensch gilt als betont knauserig und geizig oder auch überbetont bis fast unerträglich korrekt.

Erbsen sind Bestandteil vieler weiterer Redensarten. Abgesehen von der hypersensiblen und gewiss therapiebedürftigen „Prinzessin auf der Erbse" als Ableitung aus dem gleichnamigen Märchen von Hans Christian Andersen (1805–1875) findet sich die Wendung „Das ist Erbse wie Bohne". Diese drückt ähnlich wie „Jacke wie Hose" aus, dass bei zwei Alternativen die eine wie die andere ist und kein Unterschied besteht.

Einem sommersprossigen Menschen sagt man wenig rücksichtsvoll und geradezu beleidigend nach, wie auch Theodor Fontane (1819–1898) in seinen Erinnerungen erwähnt: „Auf seinem/ihrem Gesicht hat der Teufel Erbsen gedroschen".

Befindet sich bereits dieser Ausdruck klar fernab jeglicher Schmeichelei, so beschreibt die folgende Wendung einen definitiv hinterlistigen, geradezu boshaften und fast schon kriminellen Streich, eventuell auch noch gepaart mit heftiger Schadenfreude: „Erbsen auf die Treppe streuen" bedeutet, einen anderen gezielt zu Fall zu bringen, seine Ehre zu verletzen oder ihn im Ansehen zu schädigen – im modernen Sprachgebrauch wiederzugeben mit dem Begriff Mobbing. Der Ausdruck geht zurück auf die vor allem im Rheinland bekannte Ballade *Die Heinzelmännchen zu Köln* von August Kopitsch (1799–1853), nach der die überaus neugierige Schneidersfrau die immer nur nächtens hilfreichen Geister sozusagen in flagranti bzw. live erleben wollte.

Die so im Sprachgut vielfach verankerten Erbsen sind die ältesten Nutzpflanzen unter den Hülsenfrüchten. Bereits vor über 9000 Jahren waren sie in ihrer Heimat, dem östlichen Mittelmeerraum und Vorderasien, wichtige Gemüsepflanzen, wie man aus Funden in verschiedenen Grabungsprojekten weiß. Die heute sortenreich angebaute Gartenerbse (*Pisum sativum*) geht auf die Wildpflanze *Pisum elatius* zurück. In Mitteleuropa kennt man Erbsen als Gemüse erst seit wenig mehr als 1000 Jahren. Die ersten dazu verfügbaren Quellen sind die Pflanzeninventare von Klostergärten, unter anderem die berühmte Hofgüterverordnung *Capitulare de villis* aus der Zeit Karls des Großen.

Die etwas negativ behaftete Erbsenzählerei hat übrigens bedeutsame Wissenschaftsgeschichte geschrieben und demnach durchaus etwas ausgesprochen Positives: Der „Erbsenzähler" Gregor Mendel (1822–1884) entdeckte auf der Basis der ab 1854 in seinem Brünner Klostergarten 11 Jahre lang durchgeführten Kreuzungsversuche mit Erbsenpflanzen, dass sich die Merkmale der Elterngeneration nach bestimmten Gesetzmäßigkeiten auf die Folgegenerationen vererben. Die 1865 nur einem kleinen Kreis mitgeteilten Befunde fanden jedoch wenig bis gar kein Interesse. Erst im Jahre 1900 kamen die drei Forscher Correns, Tschermak und de Vries unabhängig voneinander zu den gleichen Ergebnissen. Seither nennt man die vom eifrig forschenden Mönch Gregor aufgestellten Regeln posthum „Mendel'sche Gesetze".

Etwas an der **Erbse** haben

Der IQ und seine minimale Numerik

Wenn jemand nicht gerade zur Spitzengruppe der Hochbegabten gehört, sondern sich durch eher zweistellige IQ-Werte auszeichnet, ist er gewöhnlich nicht so recht bei Verstand. Die moderne Pädagogik umschreibt den sicherlich bedauernswerten Zustand der Minderbegabung eher euphemistisch zum Beispiel mit ADS (Aufmerksamkeitsdefizit-Syndrom) oder vergleichbar toll klingenden Floskeln. Der Volksmund verwendet für den gleichen Befund gerne und ausgiebig betont bildhafte Ausdrücke wie „Etwas an der Erbse haben" oder „Einen Ratsch im Kappes haben". In die gleiche Richtung deuten metaphorische Wendungen wie „Nicht alle Tassen im Schrank", „Schuss in der Socke", „Ein Rad ab", „Sprung in der Schüssel", „Nicht alle Nadeln an der Tanne" sowie eine nahezu endlose Liste weiterer vergleichbarer Formulierungen.

Da wächst kein **Gras** mehr

Fast so schlimm wie verbrannte Erde

Der Biss in ein leckeres Käsebrot lenkt das Geschmacksempfinden zwar eher in eine andere Richtung, aber dennoch sind etliche Nahrungsmittel vom Müsliriegel bis zum Sirloin-Steak tatsächlich nichts anderes als umgeformte pflanzliche Biomasse, die einmal als Gras auf Acker oder Weide stand. Wüchsige Gräser sind demnach für die menschliche Ernährung viel wichtiger, als man gewöhnlich annimmt. Wo kein Gras mehr wächst, sieht es folglich völlig hoffnungslos aus.

Diesem Ausdruck liegt der oft beschworene Mythos zu Grunde, dass Geister, Hexen oder gar der Teufel bei ihrer nächtlichen Disco in Wald und Flur die Vegetation nachhaltig zerstören. Der Kirchenliederdichter Michael Prätorius (1571–1621) notierte einstmals: „[Die Hexen] tantzen auch den Boden oder auch das Erderich offtmahls so tief hinein, dasz weder Laub noch Gras mehr daselbst wechst."

Später übertrug man diese Vorstellung auf die den Hunnen unter Attila sowie den durch Prinz Eugen vor Wien glücklicherweise gestoppten Türken zur Last gelegten Verwüstungen. Gleichlautende Redewendungen kennt man übrigens auch in Frankreich und Großbritannien („Where the Turk's horse once does tread, the grass never grows").

Das **Gras** wachsen hören

Dem Unglaublichen auf der Spur

Oft wächst aber selbst über schlimme Ereignisse doch wieder Gras, und manche Leute bekommen das angeblich sogar über die Ohren mit: Mit dieser Redensart spottet man schon seit Jahrhunderten über einen vermeintlich überklugen Zeitgenossen, der schon im Vorfeld immer über alles informiert ist. Mit diesem Bild charakterisiert schon im 13. Jahrhundert die altisländische Liedersammlung der Jüngeren Edda (*Gylfaginning*, 27. Kapitel) den offenbar scharfsinnigen Asen und Götterwächter Heimdall in Karl Simrocks (1802–1876) Übersetzung: „Er kann auch hören, dass das Gras auf der Erde und die Wolle auf den Schafen wächst." Aus dem Jahre 1508 ist auch eine lateinische Version dieser Redensart überliefert: „Ille audit gramina crescere; dicitur in eos, qui sibi prudentissimi videntur."

In seiner *Todten-Capelle* schrieb der österreichische Prediger Abraham a Sancta Clara (1644–1709) die Zeilen nieder: „Er hört das Gras in den Elisischen Feldern wachsen und die schwindsüchtigen Flöh … husten."

Die durch munteres Wachstum mancherlei Probleme überdeckende Grasnarbe verweist auf alte, längst beigelegte Streitereien, die das Gedächtnis bereits gelöscht hat. Bei Wilhelm Busch (1832–1908) liest man dazu folgenden bemerkenswerten und geradezu genialen Anschlussbefund:

„Wenn über einer dummen Sache mal endlich Gras gewachsen ist,
kommt sicher ein Kamel daher, das alles wieder runterfrisst."

Den sticht der **Hafer**

Eine Sache nicht abwarten können

Unter den in Mitteleuropa angebauten Getreiden sind die Ährchen des Hafers im Unterschied zu Gerste und Roggen kurz und biegsam begrannt. Deshalb verwendete man Haferstroh früher recht gerne zum Füllen der üblichen Strohsäcke, den Vorläufern moderner Hartschaummatratzen. Hafer sticht also gar nicht – oder höchstens extrem Hypersensible vom Typ Prinzessin auf der Erbse aus dem bekannten Märchen von Hans-Christian Andersen. Die Redensart bezieht sich ursprünglich auch gar nicht auf den wie auch immer beschaffenen Liegekomfort, sondern meint die Stimmungslage der Pferde. Angeblich werden sie, wenn sie zu viel Hafer fressen, übermütig und ungeduldig. Die angeblichen Sticheleien des Hafers erfolgen demnach innerlich. Und so redet man auch über jemanden, der eine Sache nicht abwarten kann und deswegen extrem unruhig ist.

An dem ist **Hopfen** und Malz verloren

Kaum noch zu retten

Nach dem Reinheitsgebot des bayerischen Landtags von 1516, dem ältesten unverändert gültigen Lebensmittelgesetz der Welt, darf Bier in Deutschland – und bislang durch abwegige EU-Attacken unangefochten – nur aus Gerstenmalz, Hopfen und Wasser durch alkoholische (ethanolische) Gärung hergestellt werden. Im Prinzip ist die Technik der Bierbereitung noch wesentlich älter und lässt sich über mindestens vier Jahrtausende zurückverfolgen. Da die Bierhefe die polymeren Kohlenhydrate der Braugerste nicht direkt vergären kann, müssen die Getreidekörner erst keimen und dabei ihren Stärkegehalt enzymatisch in vergärbaren Malzzucker (ein Disaccharid) umbauen lassen. Der Hopfen (übrigens morphologisch und chemisch mit Rauschhanf bzw. Haschisch eng verwandt) liefert die geschmacksbildenden und konservierenden Zusätze – ein im Prinzip einfacher und durchschaubarer Vorgang. Bier zu brauen ist jedoch eine hohe Kunst (wenn nicht gar eine besondere Wissenschaft) und in Deutschland sogar an einer (natürlich bayerischen) Hochschule zu erlernen. In früherer Zeit versuchte man sich daran auch im kleineren Maßstab und sozusagen nur für den Hausgebrauch. Wegen mangelnder Erfahrung oder technischer Unzulänglichkeiten ging der Brauvorgang gelegentlich völlig daneben – dann waren die kostbaren Rohstoffe Hopfen und Malz eben unwiederbringlich verloren und alle Mühe umsonst. Diese trübe Erfahrung übertrug sich mit der Zeit auf Unverbesserliche, die ihr Verhalten trotz aller Ermahnungen nicht ändern, oder auf eine Sache, die als unrettbar gilt.

Olle **Kamellen**

Wertloses, weil überlagertes Zeug

Im ripuarisch-fränkisch sprechenden Rheinland (Großraum Köln) versteht man unter Kamellen jede Art von Bonbons und insbesondere die zur Karnevalszeit involvierten. Hochsprachlich heißen sie Karamellen, und warenkundlich beschränkt man diesen Begriff auf solche Kamellen, die durch Karamellisieren

von Zucker – nämlich Schmelzen und leichtes, farbgebendes Verkohlen – hergestellt werden. Der Vorgang hört sich sehr einfach an und ist auch in der eigenen Küche leicht nachzuvollziehen, aber die beteiligte Chemie ist außerordentlich komplex.

Mit Ka(ra)mellen haben die hier gemeinten „ollen Kamellen" aber gar nichts zu tun. Mit Kamellen bezeichnet man im Niederdeutschen nämlich die getrockneten Blütenköpfe der Echten Kamille. In der Apothekersprache heißen sie *Chamomillae flos*, obwohl sie keine Einzelblüten, sondern Blütenstände darstellen. Diesen Heilpflanzenklassiker erkennt man im Unterschied zu anderen ähnlichen Arten der heimischen Flora daran, dass der kegelig hochgewölbte Körbchenboden hohl ist. Kamillenblütenstände sind also sozusagen hohle Köpfe mit viel Substanz. Die an der Heilkraft beteiligten ätherischen Öle verduften aber mit der Zeit – die getrockneten Blütenköpfe kann man daher nicht beliebig lange aufbewahren. Sie werden also, wenn sie überlagert sind, zu nicht mehr verwendbaren, eben ollen Kamellen.

Unter dem Sammeltitel *Olle Kamellen* (1859) hat Fritz Reuter (1810–1874) seine in niederdeutscher Sprache verfassten Geschichten *Ut de Franzosentid* sowie *Woans ick tau 'ne Fru kam* veröffentlicht.

Über den grünen **Klee** loben

Ein ganz toller Zeitgenosse

Wiesengräser sehen im Winter eher fahl und rascheltrocken wie Heu aus, aber die Kleearten einer Futterwiese sind ganzjährig saftig und grün. Daher galten sie in der symbolbeladenen Sprache des Mittelalters als Sinnbild des Frischen, Lebendigen und kräftig Gedeihenden, wie überhaupt das pflanzliche Grün geradezu ein Vitalitätskriterium ist. In Redensarten wie „Auf einen grünen Zweig kommen" oder „Jemandem nicht grün sein" klingt die gedankliche Verbindung zum prallen Leben („La pura vida" ist das Motto des ganzen Landes Costa Rica) ebenso an. Weil sich nun Schnee und Klee so hübsch reimen, wurden sie im dichterischen Gebrauch zum bedeutungsschweren Gegensatzpaar: der eine zum Ausdruck von Abschied und Tod, der andere zum Inbegriff des Frühlingshaften und des Liebesglücks.

So gab bereits der Klee alleine ein überzeugendes Bild von saftstrotzender Lebenskraft ab. Daher empfand man den in der Lyrik manchmal sogar als grünen Klee verwendeten Vergleich zunehmend als Begriffsvöllerei, ähnlich wie runder Kreis oder tote Leiche, und damit als leicht kitschig. Etwas oder jemanden über den ohnehin hoch geschätzten grünen Klee loben ist eventuell gut gemeint, erscheint aber meist vollends übertrieben und löst wegen des starken Verdachts auf Lobhudelei eher Brechreize aus.

Selten wie ein Glücks**Klee**

Der Zufall meint es gut

Klee begegnet uns in einer weiteren bemerkenswerten Notierung: Glückwünsche zum neuen Jahr sind allein offenbar nicht genug. Sie brauchen auch ihre konkrete Ausformung und deshalb kommen sie gerne in dekorativer Begleitung mit verschiedenen Symbolen daher: Hufeisen, Marzipanschweinchen und Schornsteinfeger gehören auf jeden Fall dazu, wie immer deren Verbindung zum angeblichen oder vermuteten Glück aussehen mag. Der Aufstieg des betont hübschen, aber bedauerlicherweise ziemlich giftigen Fliegenpilzes zum Glückspilz ist eventuell nur durch seine Inhaltsstoffe zu erklären, denn manche davon beeinflussen tatsächlich das Bewusstsein. Das vermeintliche Glück kommt hier also auf dem durchaus problematischen Umweg über eine Rauschdroge. Gänzlich unverdächtig ist dagegen der botanische Beitrag zum gesamten Symbolszenario: Das vierblättrige Kleeblatt, einfach auch Glücksklee genannt, rundet das Ensemble der beliebten und überall verstandenen Glücksbringer ab.

Als der schwedische Naturforscher Carl von Linné (1707–1778) im Jahre 1735 alle damals bekannten Pflanzen mit zweiteiligen lateinischen Namen versah, richtete er für die Kleearten die Gattung *Trifolium* (= Dreiblatt) ein, weil diese so aussehen, als trügen sie drei gleich große Einzelblätter. Nun ist der dreiblättrige Klee jedoch kein Stängel mit drei separaten Blättern am Ende, sondern nur ein Blattstiel mit drei getrennten Fiedern. Wie bei vielen Vertretern der Schmetterlingsblütengewächse ist das gewöhnliche Kleeblatt nämlich dreizählig gefiedert. Genauso ist es natürlich beim Glücksklee(blatt). Streng genommen müsste man dieses Gebilde daher als zusammengesetztes, ausnahmsweise vierzählig gefiedertes bzw. vierfiederblättriges Laubblatt bezeichnen – aber für die Neujahrssymbolik ist

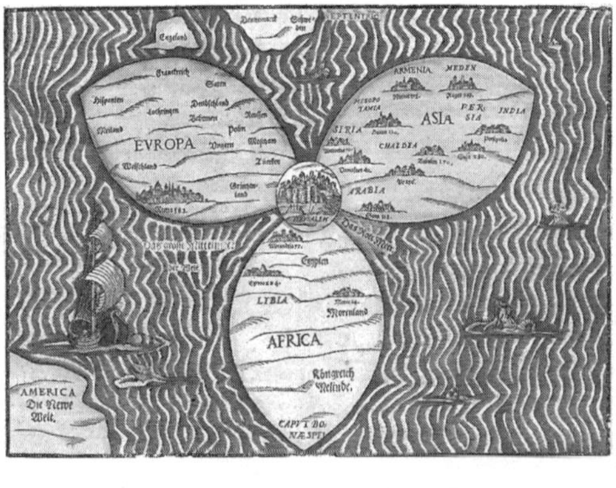

diese Notierung vielleicht doch zu sperrig. Besonders selten sind vierzählige Kleeblätter übrigens nicht. Ihre Häufigkeit liegt bei etwa einem Prozent, beim weißblütigen Kriechklee etwas darüber, beim roten Wiesen-Klee eher darunter. Auf gut gedüngten Wiesen findet man durchaus auch Exemplare mit fünf oder noch mehr Fiederblättern.

Nun ist die Suche nach den Glück verheißenden Fiederblättern in der richtigen Anzahl vielleicht doch etwas mühsam, zumal zu dieser Jahreszeit. Konsequenterweise bietet der Zierpflanzenhandel unter dem Namen „Glücksklee" die hübsch anzusehende Art *Oxalis tetraphylla* an, die völlig planmäßig ausschließlich vierteilige Blätter trägt. Diese Art stammt aus dem südwestlichen Mexiko und wurde erstmals 1837 nach England eingeführt. Mit dem klassischen Klee ist sie indessen überhaupt nicht verwandt, sondern gehört in die ganz andere Familie der Sauerkleegewächse. Wer weiß, ob das den in sie gesetzten Erwartungen nicht eher abträglich ist …

Übrigens ist auch der ganz normale, weil nur mit drei Fiederblättern ausgestattete Klee sprichwörtlich geworden: Nach dem Titel der Posse *Lumpazivagabundus* von Johann Nestroy (1801–1862) bezeichnet man als „Liederliches Kleeblatt" eine Dreiergruppe von Handwerksgesellen oder Kumpanen, die einen zweifelhaften Lebensstil führen oder notorisch schlampige Arbeit abliefern.

Anhänglich wie eine **Klette**

Kaum zu ertragen

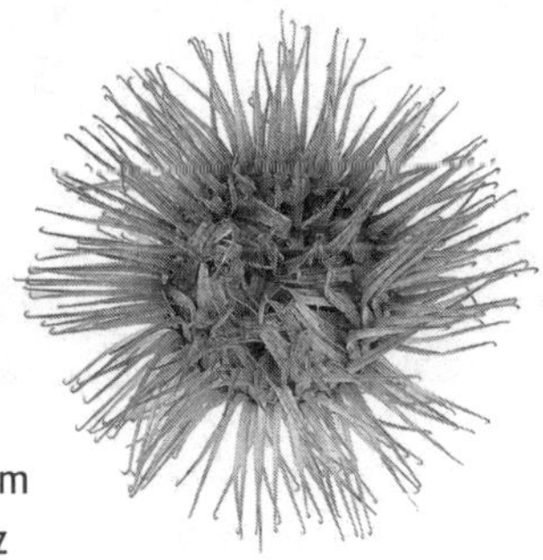

Vermutlich erging es Ihnen auch schon einmal so: Wenn man nach einem herbstlichen Streifzug durch Wald und Flur die Hosenbeine oder Jackensäume genauer inspiziert, finden sich dort mit schöner Regelmäßigkeit irgendwelche pflanzlichen Anhängsel. Es sind Früchte oder Samen bestimmter Pflanzen, deren wichtigstes Ziel Federn, Fell oder Kleider tragende Wirbeltiere sind, an deren rauer Oberfläche sie gleichsam einrasten, um auf diese Weise als blinde Passagiere über größere Distanz hinweg verschleppt zu werden. In der Verbreitungsbiologie gibt es dafür den interessant klingenden Fachausdruck Epizoochorie: Fliegende, laufende oder spazierende Wesen, die meist größere Strecken zurücklegen, hat die Natur als Speditionen für die Verbreitungseinheiten mancher Pflanzenarten ausgesucht.

Kletten – das erinnert so herrlich daran, dass man die Fruchtstände dieser imposanten Wildpflanze den Mädels ganz neckisch und effektvoll in die Frisur reiben konnte und sich dafür herbe Argumente einfing. Die Sache verfing buchstäblich.

Das macht den **Kohl** auch nicht fett

Prognose: Eher aussichtslos

Bereits seit dem Altertum ist der Kohl mit seinen verschiedenen Gartenformen eine der wichtigsten, wenngleich kulinarisch fallweise nicht besonders beliebten Gemüsepflanzen und auch nur dann einigermaßen nahrhaft, wenn man ihn bei der Zubereitung mit einem ordentlichen Stück Fleisch anreichert. Eine Sache, die selbst diese Aufwertung nicht leisten und den Kohl demnach nicht fett machen kann, bringt einfach nichts und ist daher völlig wertlos. In Süddeutschland ist die Wendung „das Kraut nicht fett machen" (Filderkraut = Kohlsorte) geläufig. „Dem ist wieder eine Griebe ins Kraut gefallen" sagt man über jemanden, der extrem sparsam ist. Grieben sind Speckstückchen.

„Alten Kohl wieder aufwärmen", eine längst abgehakte Angelegenheit noch einmal zur Sprache bringen oder gar als völlig neu darstellen, war schon im Altertum sprichwörtlich und verpönt, wie man einem spöttischen Vers mit der Formulierung *crambe repetita* des römischen Satirikers Juvenal (ca. 60–130 n. Chr.) entnehmen kann.

„Kohldampf schieben" (= hungrig sein) hängt indessen nicht mit dem Kohl zusammen, den man in dieser Situation zweifellos gerne zu essen hätte, sondern kommt vom rotwelschen *koler* sowie *dampf*, die beide Hunger bedeuten. „Jemanden verkohlen" oder einfach nur kohlen (= wissentlich eine Unwahrheit auftischen) geht vermutlich auf das jiddische Wort *kolen* (= erzählen) zurück.

Das lateinische Wort *cucurbita* für Kürbis stand in der Antike auch als Bezeichnung für einen aufgeblasenen, einfältigen Dummkopf. So verfasste der römische Schriftsteller Seneca eine ziemlich boshafte Satire auf den 54 n. Chr. verstorbenen Kaiser Claudius, der wohl ein ausgesprochener Schwachkopf war. Auch heute greift man gelegentlich zu Vergleichen aus der Nutzpflanzenbotanik und zitiert dazu vor allem die Kopfkohle. Im Rheinland sagt man dazu einfach „Kappes reden" (Kappes = Kopfkohl, vom lat. *caput* = Kohl) und ist damit wieder in der Botanik angekommen. Im Wahlkampf hieß es hier auf Plakaten der gegnerischen Parteien im Blick auf den Kanzlerkandidaten Helmut Kohl beziehungsreich „Kohl ist Kappes". Die wissenschaftlich korrekte Bezeichnung für den roten Kopfkohl bzw. Rotkohl lautet übrigens *Brassica oleracea* var. *capitata* f. *rubra*. Damit könnten Sie Ihre Gäste gewaltig beeindrucken und ebenso mit der Feststellung, dass das kulinarisch mitunter angesagte Kartoffelpüree nach botanischen Kriterien *Solanum tuberosum* f. *compressum* heißt.

Ins **Kraut** schießen

Unbrauchbar bis nutzlos

Ein jagdliches Versehen mit einer fehlerhaften Salve in die Vegetation ist hier sicher nicht gemeint. Das begrifflich bis heute vieldeutige Wort Kraut steht in dieser Redensart allgemein für eine besonders wüchsige Pflanze, die allerdings den größten Teil ihrer Energie in das Längenwachstum und die Entfaltung üppiger Blattmasse investiert. Dagegen setzt sie keine Blüte an und lässt deswegen auch keine reiche Fruchternte erwarten. „Ins Kraut schießen" bedeutet demnach, eine Menge Aufwand oder Kraft vergeuden bzw. einer Sache zusehen, die sich weitgehend unnütz entwickelt. Als Nebenbedeutung versteht das heutige Sprachempfinden diese Wendung auch als rasche Zunahme von etwas Untauglichem oder gar Gefährlichem – im klassischen Fall die aus offenkundiger Langeweile entstandenen Verordnungen der Ministerialbürokratie.

Wie **Kraut** und **Rüben**

Nur das Genie beherrscht auch das Chaos

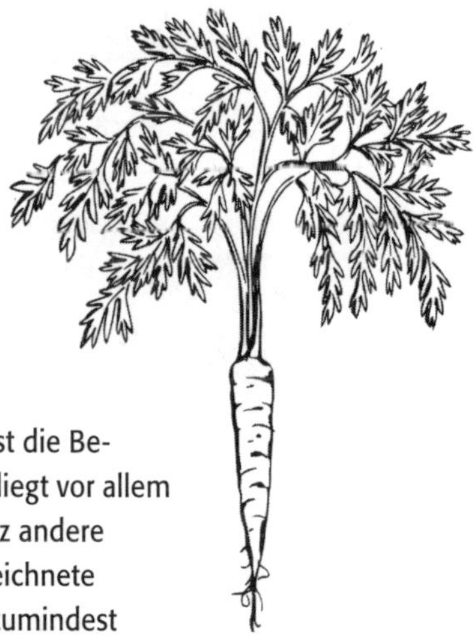

In der Physik bezeichnet man die Ordnungszustände der Materie nach dem Zweiten Hauptsatz der Wärmelehre (Thermodynamik) und spricht von Entropie. Ist ein System hochgeordnet, weist es eine niedrige Entropie auf. Anders in einem zuvor aufgeräumten Kinderzimmer mit wohlgeordneten Bauklötzen: Wenn man hier zwei Dreijährige eine Weile wirken lässt, hat bei späterer Betrachtung der Sachlage die Entropie sichtlich zugenommen. Die bürgerliche Wahrnehmung notiert deutlich schlichter: Hier sieht es aus wie bei „Hempels unterm Sofa" oder völlig wirr und entsetzlich chaotisch, eben „wie Kraut und Rüben".

Obwohl so wunderbar griffig und auch heute noch allseitig verstanden, ist die Begriffskombination von Kraut und Rüben nicht einfach zu entschlüsseln. Das liegt vor allem an der Mehrdeutigkeit des Begriffes Kraut. Damit könnte einerseits eine ganz andere Pflanze als die Rübe gemeint sein, beispielsweise der regional exakt so bezeichnete Weißkohl (vgl. Krautsalat). Dessen Mischkultur zusammen mit Rüben wäre zumindest fragwürdig. Kraut ist aber auch die eingekürzte Bezeichnung für Unkräuter (pardon: ökologisch korrekt Wildkräuter), die auf einem typischen Hackfruchtacker meist mengenweise mit den Rüben konkurrieren. Das Kraut könnten aber auch die bei der heute üblichen maschinellen Ernte weggeköpften Blattrosetten der Rübenpflanzen sein, die mit dem Erntegut Rübenkörper nicht vermengt werden sollten. Das Rheinland setzt noch eins drauf: Hier versteht man unter Rübenkraut einen aus Zuckerrüben hergestellten, stark eingedickten und extrem süß-kalorienreichen Brotaufstrich.

Soweit das Kraut, aber jetzt kurz zur Rübe. Die rübenartig verdickten Speicherteile mancher Kulturpflanzen entstehen auf verschiedene Weise. Ist an der Verdickung nur *ein* pflanzliches Grundorgan beteiligt, spricht man von Knollen. Wurzelknollen sind folglich verdickte Wurzeln, Sprossknollen angeschwollene Teile der Sprossachse. Das Radieschen ist eine Sprossknolle, wobei hier aber nur das unterste Achsenstück verdickt ist. Bei Kohlrabi und Knollensellerie sind es jeweils mehrere Achsenabschnitte.

Beteiligen sich an der Verdickung zum Speicherkörper dagegen *zwei* Organe, nämlich Sprossachsenabschnitt(e) und Hauptwurzel, spricht man von einer Rübe. Je nach beteiligtem Mengenanteil sind Wurzel- und Sprossrübe zu unterscheiden. Die Zuckerrübe ist ebenso eine Wurzelrübe wie Kohlrübe, Möhre, Rettich und Schwarzwurzel. Die Futter- oder Runkelrübe ist dagegen eine Sprossrübe wie die Rote Bete. Den Unterschied kann man sich ganz leicht merken: Wurzelrüben stecken zum größten Teil im Boden, Sprossrüben schauen immer mit den größten Teilen aus dem Boden heraus.

Dastehen wie eine geknickte **Lilie**

Ein Bild des Jammers

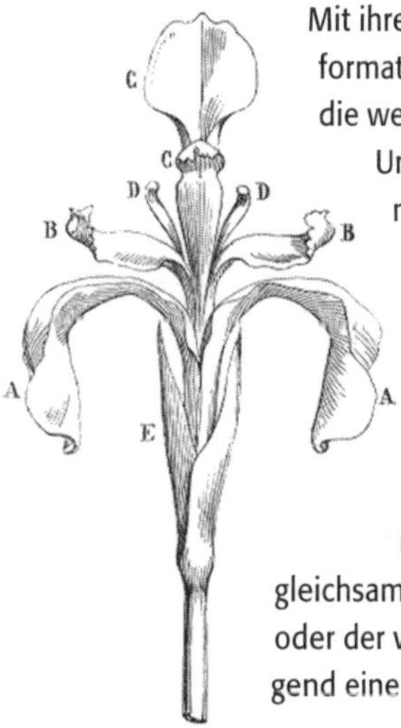

Mit ihrem regelmäßigen Blütenbau und der aparten Erscheinung der meist großformatigen Blüte auf einem eher unauffällig einfachen Stängel wurde insbesondere die weiße Lilie zum vielschichtigen Symbol. Einerseits dient sie als Sinnbild von Unschuld, Reinheit und Schönheit, wie es bereits das bemerkenswert lebensnahe Hohe Lied aus dem Alten Testament betont, andererseits steht sie für Licht, Hoffnung, Gnade und Vergebung. Bei den Römern war sie der Juno geweiht, in der christlichen Kunst erscheint sie in wechselnder Bedeutung, in der Dichtung diente sie über viele Jahrhunderte als beliebtes Motiv und auch in der Heraldik hatte sie lange ihren festen Platz, wobei die berühmte Bourbonenlilie nach ihren Blütenblattformen sicherlich eine stark stilisierte Iris ist.

Eine geknickte und welkende Lilie, die ihre stolze Haltung verloren hat und gleichsam den Kopf hängen lässt, bietet ein Bild des Jammers, der Hoffnungslosigkeit oder der verletzten Ehre. Eine so bezeichnete bzw. verglichene Person braucht also dringend eine aufmunternde Zuwendung, um nicht gänzlich in die Depression abzugleiten.

Empfindlich wie eine **Mimose**

Sensibilität kennt kaum Grenzen

Das kennt man zur Genüge aus dem Büro- oder sonstigen Geschäftsalltag: Die Kollegin aus der Abteilung XY ist fast immer schlecht drauf, schnappt bei geringsten Anlässen total ein und hat folglich den zweifelhaften Ruf, absolut mimosenhaft zu sein, was den Umgang nicht gerade erleichtert. Die Psychologie kann zur Erklärung solchen Verhaltens unbewältigte Träume in der Kindheit erforschen; die Biologie verweist auf ein pflanzliches Sensibelchen, die erstaunliche in Mittel- und Südamerika beheimatete Sinnpflanze *Mimosa pudica*. Sie ist ein gerne demonstriertes Anschauungsobjekt für eine überaus rasch ablaufende Reizbeantwortung bei Pflanzen: Klopft man beispielsweise mit einem Bleistift auf eines ihrer gefiederten Blätter, knickt sie schon im nächsten Moment buchstäblich ein. Zwischen Reizeinwirkung und Reaktion vergehen nur 0,08 Sekunden. Schüttelt man gar die gesamte Pflanze etwas unsanft durch, reagieren alle Blätter. Nach wenigen Augenblicken hat sich die zuvor nett anzusehende Pflanze in ein dürres Gerippe verwandelt. Etwa 15 bis 20 Minuten später sieht sie wieder völlig normal aus. Genau in diesem auffälligen Aspektwechsel sehen Ökologen den eigentlichen Zweck dieser Abläufe: Die Pflanze möchte offenbar für potenzielle Weidegänger einfach nicht weiter attraktiv sein, nachdem diese ein erstes Mal zugelangt haben. Carl von Linné, der der Pflanze ihren wissenschaftlichen Namen gab, verwendete als Gattungsnamen das spanische Wort *mimosa* für ein zimperliches Weibsbild und kennzeichnete sie auch noch als *pudica* (= schamhaft) – eine geradezu fatale Mischung unerfreulicher Wesenszüge.

Ohne **Moos** nichts los

Die Insolvenz hat viele Formen

Den Boden von Laub- und Nadelwäldern nimmt die so genannte Moosschicht ein. Die Waldbodenmoose wachsen an leicht erhöhten Stellen, an denen sie zuverlässig vom Licht erreicht werden. Kurzrasenmoose sind mit ihren Kissen gleichsam die Lückenbüßer des Waldbodens – sie füllen alle möglichen Winkel und Nischen aus. Weitere Lebensformen sind Hochrasen, aufgewölbte Polster sowie die zum Teil recht ausgedehnten Filze in den Lücken zwischen den Baumwurzeln. Diese erstaunlich zahlreichen Moosarten und -wuchsformen sind die wichtigsten Stellglieder im Wasserhaushalt eines Waldes und daher sogar für ganze Landschaften bedeutsam. Ohne Moos ist daher ökologisch wirklich nichts los.

Umgangssprachlich bezeichnet die Redewendung jedoch die individuelle bzw. öffentliche Finanzlage. Der vor allem in studentischen Kreisen geläufige Begriff Moos für Geld leitet sich ab vom rotwelschen Wort *mous, moos* bzw. vom jiddischen *maos* sowie vom hebräischen *ma'oth* (= kleine Münze). Über die Ganoven- und Landstreichersprache, die viele der aus Osteuropa kommenden Rotwelsch-Bezeichnungen aufgenommen hat, fand er Eingang in den neuzeitlichen Jargon.

In die **Nesseln** setzen

Jetzt wird es unangenehm

Wer unplanmäßig Kontakt mit einer Brennnessel hat, fühlt sich äußerst unangenehm berührt, denn ihre feinen Sticheleien vermitteln unliebsame hautnahe Erfahrungen, auch wenn man nicht gleich vollflächig mit allen seinen vier Buchstaben in einem Brennnesselbestand landet. Im übertragenen Sinne bedeutet die verbreitete Redensart, dass man sich mit einer unüberlegten Meinung oder Handlung bzw. einer unbedachten Äußerung bei seinen Mitmenschen eventuell eine Menge Probleme einfängt.

In der Redensart von den Nesseln schwingt aber auch noch eine weitere Notierung mit: Die unsachgemäße Handhabung der überaus spitzfindigen Dorn- und Stachelpflanzen, die sich so zuverlässig in Hemd, Hose und Haut verhaken, bringt bekanntermaßen mancherlei Probleme mit sich. Die Wehrhaftigkeit solcher Pflanzen ist jedoch meist so rechtzeitig und deutlich zu erkennen, dass man ihrer peinlichen Eindringlichkeit zuverlässig aus dem Wege gehen kann. Bei der Brennnessel ist das jedoch nicht so: Ihre feinen Sticheleien kann erst umgehen, wenn man damit bereits hautnahe Erfahrungen machen musste.

Die im Effekt zugegebenermaßen ziemlich unangenehmen Brennhaare der Brennnesseln sind aus biologischer Sicht übrigens bewundernswerte Abwehreinrichtungen – höchst eigenartige und technisch verblüffend funktionssicher konstruierte Gebilde und insofern auf jeden Fall eines genaueren Blickes würdig. Jedes einzelne Brennhaar besteht aus nur einer besonders großen Zelle mit verdickter Basis und lang ausgezogener Spitze, an der seitlich ein kleines, rundliches Köpfchen ansitzt. Die kugelige Zellbasis, die in einem mehrzelligen grünen Gewebehöcker steckt, ist betont elastisch. Der längliche und geradewegs nach außen weisende Brennhaarteil ist dagegen starr und biegefest, seine Spitzenregion sogar ausgesprochen spröde.

Bei unachtsamer Berührung wird das Brennhaar augenblicklich kopflos – das Haarköpfchen bricht im Nu weg und hinterlässt eine scharfkantige, ritzende Bruchstelle, die sofort und mühelos in die Haut eindringt – ähnlich wie eine Glasampulle, der man zum Entleeren ein Ende weggebrochen hat. In der Haut entleert das solchermaßen entkopfte Brennhaar seinen Inhalt, so wie das Schreibpapier durch Kapillarwirkung die Tinte aus der Füllerfeder zieht. Meist wird bei der Berührung auch noch leicht geknickt. Dabei gerät allerdings die verdickte, im Gewebehöcker steckende Zellbasis unter Druck, gibt diesen an die Brennhaarkanüle weiter und entleert den gesamten Inhalt in die zuvor aufgeritzte Haut. Die gesamte Attacke vollzieht sich in Sekundenschnelle – man spürt es eben sofort, wenn man bei einer Brennnessel auf unliebsame Weise Anstoß erregt hat.

Augenblicklich rufen die bei der Brennhaarattacke injizierten Stoffe (unter anderem das biologisch hoch wirksame Histamin, ein hormonartiger Stoff) in der Haut mit Rötung, Schwellung, Erwärmung und Schmerz eine klassische Entzündungsreaktion hervor. Außerdem gehört zur chemischen Basisausstattung der Brennhaar-Giftspritze die Substanz Acetylcholin, die als Neurotransmitter buchstäblich und ziemlich heftig auf die Nerven geht, weil sie diese stark erregt. Nur bei ungeschützter, weil nackter Haut funktioniert dieser unfreundliche Empfang der Brennnesselteile – die Brennhaare können unsere Kleidung oder die zur Sicherheit angelegten Gartenhandschuhe mit Sicherheit nicht durchdringen. Singvögel, die an den weiblichen Brennnesselpflanzen herumturnen und die Samen fressen, sind übrigens auf ähnliche Weise durch ihr Gefieder zuverlässig geschützt und haben mit dieser Pflanze ebenso wenig Probleme wie eine dickfellige Katze, die im Brennnesseldickicht die Mäuse beschleicht. Auch die Raupen von Tagpfauenauge oder Kleinem Fuchs, die sich ausschließlich von den Blättern der Brennnesseln ernähren, sind für die winzigen, aber bemerkenswert effektiven Giftspritzen unerreichbar, denn diese sind für sie viel zu klein. Pflanzliche Abwehr arbeitet zumeist selektiv, aber deswegen nicht minder wirksam.

Die **Radieschen** von unten anschauen

Wer nicht mehr lebt, ist wirklich tot

Euphemismen nennt man in der Sprachwissenschaft schönfärberische Umschreibungen, die einen unangenehmen Sachverhalt in einem besseren Licht erscheinen lassen. Die Bezeichnung „Entsorgungspark" hört sich irgendwie gut an, obwohl sich dahinter im Zweifelsfall eine übel riechende Müllhalde verbirgt. Erstaunlicherweise verwendet die Umgangssprache besonders viele Euphemismen für das offenbar nicht gerne ausgesprochene Wort Tod: Wenn jemand das Zeitliche gesegnet hat oder in die ewigen Jagdgründe abwanderte, befindet er sich definitiv nicht mehr unter den Lebenden, sondern ist schlicht und unwiderruflich tot. Exakt in diesen Zusammenhang gehört die leicht makabre und auf jeden Fall saloppe Redensart vom Perspektivenwechsel auf die Radieschen: Wer sie von unten betrachten kann, liegt wohl unter der Erde. Warum gerade das Radieschen für dieses Bild herhalten muss, lässt sich nicht ermitteln. Rein sprachlich ist es die Verkleinerungsform des Rettichs, der in Bayern als Radi bekannt ist und dessen Name sich vom lateinischen *radix* (= Wurzel) ableitet.

Da haben wir den **Salat**

Bunt und noch bunter

Vermutlich stehen in Ihrem Regal auch welche – nämlich diverse Kochbücher mit Anregungen zur Komposition verführerischer Salate. Bunte Vielfalt macht Sie darin auf allen Seiten an, denn nichts ist (auch kulinarisch) langweiliger als immer nur die monochrom grünen Blätter vom Kopfsalat mit Einheitsdressing auf dem Teller zu sehen. Zum Salat gehört also gleichsam von Natur aus eine fein abgestimmte Zusammenstellung ausgewählter Zutaten, und deshalb ist ein gemischter Salat genau genommen eine ebenso unnötige und fast schon pleonastische Begriffshäufung wie weißer Schimmel oder heißes Feuer.

Obwohl man sie im täglichen Gebrauch durchaus versteht, sind die Begriffe unserer Sprache beim genaueren Hinsehen mitunter bemerkenswert unlogisch (Ein Zitronenfalter faltet gar keine Zitronen …) oder inhaltlich schlicht unscharf: Unter Salat verstehen manche einen Kopf- oder Endiviensalat, die anderen eine bunte Mischung aus Lollo Rosso, Rapunzel, Rucola und Chicorée. Außerdem gäbe es noch Eier-, Nudel-, Reis- und Tomatensalat, und dann wären da auch noch Kartoffel-, Gurken- und Obstsalat. Babylonisch verworren? Das Problem liegt vor allem in der Vieldeutigkeit der beiden Begriffe Obst und Salat, wobei speziell der letztere einen bemerkenswerten Begriffswandel vollzogen hat: Das italienische Stammwort *insalata* (man kennt es gewiss als *insalata mista* von der Speisekarte im mediterran inspirierten Restaurant) bedeutet wörtlich „Eingesalzenes" (abgeleitet vom lateinischen *sal* bzw. italienischen *sale* = Salz). Die Wortherkunft passt nun so gar nicht zum Obstsalat.

Unter Obst versteht man im Allgemeinen überwiegend süß schmeckende Früchte, die man roh oder nach besonderer Zubereitung genießt. Gurken, Kürbisse und Tomaten sind zwar nach botanischen Kriterien ebenfalls Früchte, gehören aber küchentechnisch nicht zum Obst, sondern ebenso wie Avocado und Zucchini zum Gemüse. Zu dieser besonderen Kategorie zählen alle essbaren Pflanzenteile, die man vor dem Verzehr durch hitzeabhängiges Garen aufbereiten muss. Blattgemüse sind beispielsweise Spinat, Mangold, Weiß-, Grün- und Rotkohl (Blaukraut). Zu den Stängelgemüsen gehören Spargel, Kohlrabi, Fenchel und Sellerie, in größeren Anteilen auch Blumenkohl, Brokkoli, ferner Bambus und Palmherzen. Wurzelgemüse sind Mohrrübe, Schwarzwurzel, Rettich und Wurzelpetersilie. Nüsse sind dagegen weder Obst noch Gemüse: Fast immer handelt es sich um die Samen bestimmter Pflanzenarten. Und um die begriffliche Vielfalt zu komplettieren: Bohnen, Erbsen und Linsen sind zwar ebenfalls Samen, aber dennoch keine Nüsse.

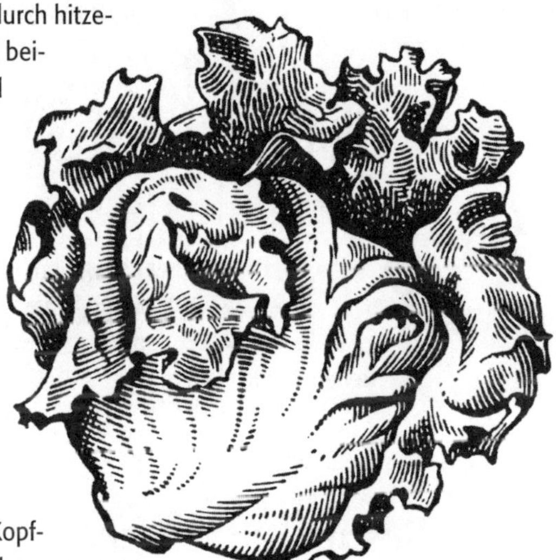

Zum Salatbegriff gehört üblicherweise das bunte Durcheinander – insofern ist ein grüner Salat nur aus Kopfsalat eigentlich ein semantisches Unding. Wenn man also beim Salat eher auf Abwechslung und Vielfalt setzt, sind auch die Zutaten begrifflich nicht besonders festgelegt: Es können Pflanzenteile sein, die roh genießbar sind, oder man komponiert die kulinarische Kreation aus der gesamten pflanzlichen Architektur, nämlich aus zuvor gegarten und wieder erkalteten Wurzel-, Stängel-, Blatt- oder sogar Blütenteilen.

Seinen **Senf** dazu geben

Auch das noch …

Der Weiße Senf und der Schwarze Senf sind zwei eng miteinander verwandte, gelb blühende Kulturpflanzen aus der Familie der Kreuzblütengewächse, die heute weltweit angebaut werden. Ihre kugelrunden Samen enthalten besondere Inhaltsstoffe, die beim Zerkauen oder Zermahlen scharf-aromatisch schmeckende Senföle abspalten: die hauptsächlichen Geschmacksträger der öligen gelblichen Würzpaste, die in Griechenland schon im 4. Jahrhundert v. Chr. beliebt war. Zusätzliche Würzkraft erhält sie sortenabhängig durch weitere Scharfmacher, darunter Weinessig, Meerrettich und Cayennepfeffer. Da die empfehlenswerte bzw. zumutbare Menge natürlich eine Frage des individuellen Geschmacks ist, kann jemand, der unaufgefordert seinen Senf dazu gibt – indem er überflüssigerweise seine Kommentare abliefert – einen angenehmen Gesamteindruck nachhaltig verderben. Ungebetene Senfdosierungen sind also eine klare Ablehnung einer Einmischung. Im Niederländischen gibt es die nette Wendung „de mostaard kriebelt hem in de neus" (= „der Senf steigt ihm in die Nase"), wenn eine unbedachte Äußerung zur Verärgerung führt. „Einen langen Senf machen" – bildlich die stark verdünnte Senfsoße – bedeutet unnützes Gerede und langatmige, weitschweifige Auslassungen über Nebensächlichkeiten.

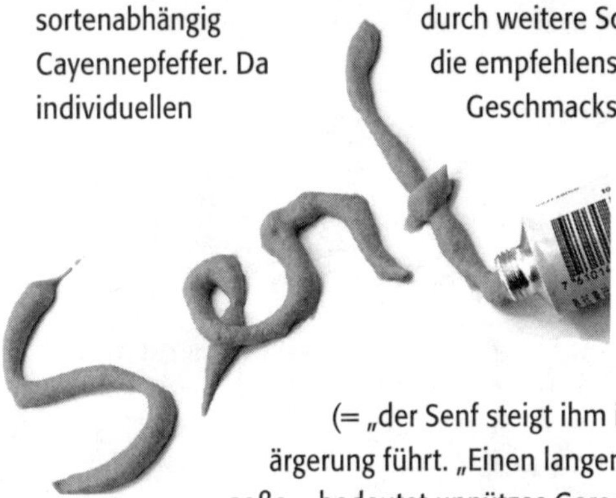

Sesam, öffne dich!

Jetzt wird es spannend

Was haben die hellgelben Körner auf dem knusprigen Frühstücksbrötchen mit der berühmten Märchensammlung aus 1001 Nacht gemeinsam? In beiden Fällen spielt der Sesam eine Rolle, einmal als den Geschmack verbessernde Zutat, andererseits als Zauberformel in der Geschichte von Ali Baba, mit der sich die tief im Berg verborgene Schatzhöhle der 40 Räuber öffnen lässt.

Die alte Kulturpflanze Sesam ist zweifellos ein besonderer Schatz. Die heutzutage rund um den Indischen Ozean in Mengen angebaute, bis zu zwei Meter hohe einjährige Pflanze braucht nur etwa zehn Wochen, um zu keimen, zu wachsen und Samenkörner in den Kapseln zu bilden. Ihr Öl ist reich an ungesättigten Fettsäuren und daher für die gesunde Ernährung besonders wertvoll. In China und

Indien galt es daher schon immer als lebensverlängernd. In den Anbaugebieten erntet man die Pflanze kurz vor der Vollreife und hängt sie in Bündeln über ausgebreiteten Tüchern auf. Jetzt heißt es auch hier „Sesam, öffne dich" – die reifen Kapseln platzen beim weiteren Trocknen auf und lassen ihre zahreichen Samen herausrieseln. Die Kapselöffnung, die den (öl)reichen Inhalt freisetzt, ist wohl der Anknüpfungspunkt zu den Tresoren von Ali Babas Ganoventeam. Im übertragenen Sinne zitiert man das orientalische Passwort beim vergeblichen Versuch, für ein verzwicktes Problem eine Lösung zu finden.

Da hat er kräftig **Süßholz** geraspelt

Die Inflation der Komplimente

Bevor die moderne Diätchemie synthetische Süßstoffe wie Aspartam, Cyclamat und Saccharin zur Hand hatte, konnte man jemandem das Leben dadurch versüßen, dass man ihm (oder ihr) Honig um den Mund schmierte bzw. Zucker aus Rohr oder Rübe in den Kaffee rührte. Ausnahmsweise enthalten einige Pflanzen natürliche Süßstoffe, die in der Kalorientabelle so gut wie gar nicht zu Buche schlagen. Eine davon ist das im Mittelmeergebiet beheimatete Süßholz, eine Staude mit liegenden Stängeln. Schon im frühen Mittelalter verwendete man die kräftig süß schmeckenden und nur ganz leicht verholzten Wurzeln – auf Deutsch müsste sie also eigentlich, wie es der wissenschaftliche Gattungsname korrekt vorgibt, Süßwurzel heißen. Ihr süßer Inhaltsstoff heißt Glycyrrhizin; er hat etwa die 50-fache Süßkraft von normalem Haushaltszucker (Saccharose).

Aus den kräftigen Wurzeln lässt sich durch Auskochen ein klebriger, schwarzbrauner, erstarrender Saft gewinnen. Lateinisch nannte man ihn zunächst *liquor radicis* (= Wurzelflüssigkeit), woraus im späteren Mittelalter *liquiritia* und in der Neuzeit schließlich durch sprachliches Verschleifen Lakritze wurde. Bei einer kalorienbewussten Dame heftig Süßholz zu raspeln, statt vernehmlich mit der Pralinenschachtel zu rascheln, könnte man folglich als betonte Rücksichtnahme auf den Diätplan auslegen. Nun ist die Raspel allerdings ein eher grobschlächtiges Instrument. Süßholz zu raspeln ist demnach wohl doch nicht die ganz feine Art, gut dosierte Schmeicheleien hoffnungsfroh und wirkungsvoll anzubringen. Womöglich wäre eine Tüte Lakritzkatzen oder -schnecken eher angesagt.

Das war starker **Tobak**!

An der Grenze des Erträglichen

Die EU-einheitlichen Warnhinweise auf Zigarettenschachteln reden eine deutliche Sprache: Was sich außer dem Alkaloid Nicotin im teerähnlichen Kondensat im Rauch verkokelter Tabakblätter an organischer Chemie findet, klingt schon von den Substanzbezeichnungen her völlig ungesund. Nicotin ist abgeleitet vom wissenschaftlichen Gattungsnamen des Tabaks *Nicotiana* und ehrt den französischen Diplomaten Jean Nicot, der um 1560 Tabakpflanzen an Katherina von Medici sandte und den Anbau empfahl. Der vollständige wissenschaftliche Artname lautet *Nicotiana tabacum;* der zweite Bestandteil des Namens geht auf das spanische *tabaco* zurück, womit jedoch ursprünglich nicht die Tabakblätter, sondern die speziellen Rauchinstrumente der Indianer Haitis bezeichnet wurden. Herkunfts- und sortenabhängig ist die Chemie des blauen Dunstes auch mengenmäßig recht unterschiedlich – neben leichtem gibt es eben auch starken Tobak, wie man in Norddeutschland sagt.

Das Sprichwort vom „starken Tobak", womit man eine Zumutung, grobe Unverschämtheit oder sonstige Widerwärtigkeit bezeichnet, geht auf einen alten Schwank zurück: Der Teufel traf im Wald einen Jäger und fragte neugierig nach dessen Gewehr. Der Jäger gab dieses als seine Tabakspfeife aus, und als der Teufel einen Zug nehmen wollte, schoss ihm der Jäger eine Ladung Schrot ins Gesicht. „Das war aber starker Tobak", soll der Teufel daraufhin gesagt haben, was zweifellos eine klare Diagnose war.

Du treulose **Tomate**

Auf nichts ist Verlass

Bei der schmackhaften und im vollreifen Erscheinungsbild so überaus erfreulich aussehenden Tomate, deren nur kirschgroße Vorfahren aus den südamerikanischen Anden stammen und erst durch die iberischen Eroberer in Europa bekannt wurden, kann man trefflich darüber streiten, ob sie eigentlich zu den

Obst- oder zu den Gemüsearten gehört. Ein weiterer aufregender Streitpunkt betrifft die Frage, wie sie denn zur sprichwörtlichen Eigenschaft besonderer Treulosigkeit kam. Sind denn Äpfel, Auberginen oder Avocados wesentlich zuverlässiger?

Die Sache hat sowohl einen wirtschaftsgeschichtlichen wie auch einen politischen Hintergrund. Bevor die Niederländer große Teile ihres Landes mit Gewächshäusern überzogen und den EU-Markt mit ihrem Gemüse bereicherten bzw. überschwemmten, kamen die Tomaten aus der Freilandkultur in Italien. Zu Beginn des 20. Jahrhunderts war das Wort Tomate schon fast ein Synonym für Italiener. Dann kamen die Wirren des Ersten Weltkriegs: die Italiener verließen ein Bündnis aus der Bismarckzeit und erklärten Österreich den Krieg, was man ihnen nördlich der Alpen durchaus verübelte. Die „Tomaten" galten damit plötzlich als ziemlich treulos …

Christoph Kolumbus brachte die ersten Tomaten von seiner zweiten Amerikareise (1493–1496) mit nach Europa. Dabei handelte es sich um Exemplare, die von den Nachfahren der Azteken kultiviert und in ihrer Sprache „tomatle" genannt wurden. Samenfunde in Ausgrabungen belegen, dass Tomaten in Mexiko schon um 200 v. Chr. angebaut wurden. Die heutigen Kulturtomaten gelten als Kreuzungsprodukte aus mehreren südamerikanischen Wildformen.

Bis etwa 1820 war die Tomate in Mitteleuropa allenfalls als Zierpflanze bekannt. Nur sehr langsam setzte sich die Kenntnis von ihren kulinarischen Qualitäten durch, in Österreich beispielsweise nach der Wiener Weltausstellung 1873, auf der erstmals konsumfähige reife Tomaten gezeigt wurden. Erst nach dem Ersten Weltkrieg wurde die Tomate zu einem wirklichen Volksnahrungsmittel. Heute ist sie sogar im Weltmaßstab eine der bedeutendsten Gemüsesorten. Mit einem Wassergehalt von rund 95 % ist sie bemerkenswert kalorienarm, aber gleichzeitig ziemlich vitamin- und mineralstoffreich. Zudem wirkt der rote Tomatenfarbstoff Lycopin, der zu den Carotenoiden gehört, erwiesenermaßen antioxidativ und stärkt (vermutlich) die Immunabwehr. In Europa baut man Tomaten unterdessen auf mehr als 500 000 ha Fläche an.

Tomaten scheiden ebenso wie reife Äpfel die als Pflanzenhormon wirkende Substanz Ethylen aus, die den Stoffwechsel anderer Früchte bzw. Gemüse beschleunigt und diese eventuell auch rascher verderben lässt. Daher sollte man Tomaten immer von anderem pflanzlichen Konsumgut getrennt lagern.

Wichtig: Unreife, noch grüne Tomaten und ebenso alle übrigen grünen Teile der Pflanze enthalten das mäßig giftige Alkaloid Solanin (kommt auch in grünen Kartoffeln vor), das Übelkeit oder Erbrechen hervorrufen kann. Vor der Verwendung sollte man daher auch die grünen Kelchblattreste am Fruchtstielansatz auf jeden Fall entfernen.

Tomaten auf den Augen haben

Schönheit macht blind

Für Männer hat der Blick in den Kosmetikratgeber einer typischen Frauenzeitschrift zweifellos einen besonderen Unterhaltungswert, liefert er doch fast immer Erkenntnisse, die man irgendwo zwischen erstaunlich und absurd einordnen könnte: Da legen sich vielfältige Damen Gurkenscheiben auf die Wangen, pinseln sich alle möglichen Körperpartien mit Kräuterquark ein oder schwören auf die Wohltaten zerrupfter Meeresalgen, die ähnlich duften wie eine Nordsee-Filiale. In dieses seltsame Szenario von Revitalisierungsritualen könnten auch die sprichwörtlichen Tomaten auf den Augen gehören.

Die Sache hat indessen eine andere Bewandtnis, denn die Redensart bedeutet ursprünglich übernächtigt sein, mit verquollenen, geröteten Augen dreinblicken oder gerötete, eventuell entzündete Bindehäute zu haben, die den Blick trüben. Von solchen Farbbefunden war es nur noch ein kleiner Schritt zur heftigen Übertreibung bei gleichzeitigem Bedeutungswandel: „Tomaten auf den Augen haben", steht heute für nichts bemerken, etwas übersehen, für eine Sache blind sein oder keinen Durchblick haben. Kein Wunder, wo doch Tomaten überhaupt nicht durchsichtig sind …

Das **Veilchen** blüht im Verborgenen

Sieh doch mal genauer hin

Manche Menschen fallen partout nicht auf. Nach außen erscheinen sie wie graue Mäuse und werden kaum bemerkt, obwohl sie trotz ihrer Zurückgezogenheit bemerkenswerte Qualitäten aufweisen können. In ihrer Unauffälligkeit, mit der sie nur wenig Aufmerksamkeit finden, erinnern sie an ein Veilchen, das kaum beachtet im Verborgenen blüht.

Vom sicherlich etwas protzigen Garten-Stiefmütterchen mit seinen großformatigen plakativen Blüten abgesehen, sind die heimischen Veilchenarten durchweg unauffällig. Da sie auch allesamt recht kleinwüchsig sind und nur selten höher als eine Handbreit werden, bilden sie jeweils die unterste Etage in einem Pflanzenbestand und werden hier folglich fast immer übersehen. Nur ihre tief dunkelblaue Farbe ist geradezu sprichwörtlich: Veilchenblau sein ist eine etwas krasse Umschreibung für den Zustand der Volltrunkenheit, und ein veilchenblaues Auge verrät eine handfeste Auseinandersetzung. Dabei ist die Veilchenblüte ausgesprochen hübsch. Bemerkenswert sind der meist kräftig hellgelbe Fleck in der Blütenmitte und vor allem die visuellen Leitplanken in Form feiner, dunkler Striche, die den Blütenbesuchern den sicheren Weg zu den Nektarvorräten im rückwärtigen Blütensporn weisen. Nur: Die verdiente Beachtung findet ein Veilchen mit diesem aufregenden Blüten-Makeup trotzdem nicht, allenfalls bei den Blüten besuchenden Insekten, die deren spezielle Qualitäten schon einmal erkundet haben.

Das Bild vom zu Unrecht unbemerkten Veilchen am Wegesrand stammt aus dem bekannten Lied „Freut euch des Lebens" des Schweizer Malers und Dichters Johann Martin Usteri (1763–1827), in dem er naive, allein auf genügsame Bescheidenheit gegründete Lebensfreude thematisiert.

Die Spreu vom **Weizen** trennen

Nutzloses und Nützliches unterscheiden

Wenn heute ein gigantischer Mähdrescher über das erntereife Getreidefeld rattert, sieht man vorne nur die Ähren tragenden Halme in den Maschinenschlund verschwinden und hinten das leere Stroh wegstieben. Als das Getreide noch auf der Tenne im heimischen Hof per Flegel von Hand gedroschen wurde, stellte sich die Sache technisch anders dar. Die mechanisch aus den Ähren geprügelten Getreidekörner lagen nämlich anschließend in Haufen aus geknickten Halmen und gelockerten Spelzen herum. Im Wind oder später mithilfe eines Gebläses ließ sich die Spreu, eben die staubtrockenen und besonders leichten Spelzen, relativ einfach vom eigentlichen Erntegut, den ungleich schwereren Körnern, absondern. Die Spreu vom Weizen zu sondern und sie im Wind davonfliegen zu lassen, hat als Redewendung die Bedeutung, Wichtiges von Wertlosem zu trennen. Das Bild ist aus der Bibel entlehnt. Im Alten Testament findet es sich beispielsweise in Hiob 21, 17 f. sowie in Psalm 35,5, im Neuen Testament bei Matthäus 3,12.

Einen **Wermut**stropfen in den Wein geben

Die Sache bekommt ein Geschmäckle

Auch das größte Vergnügen hat oft einen leicht bitteren Beigeschmack, auch wenn man sich dadurch die blanke Freude nicht massiv vergällen lässt. Meist gebraucht man dieses Bild in der gehoben poetischen und so erstmals bei Adalbert von Chamisso (1781–1838) aufgetretenen Formulierung, dass ein bitter schmeckender Wermutstropfen in den Becher der Freude (oder ein Glas edlen Weins) fällt.

Wermut ist eine angenehm aromatisch duftende Pflanze. Das betont bitter schmeckende ätherische Öl enthält unter anderem das stark giftige Thujon sowie den Bitterstoff Absinthin. Arzneilich nutzt man den Wermut bis heute in wässrigen, ölarmen Auszügen als Bitterstoffdroge bei Appetitlosigkeit und Verdauungsbeschwerden mit Blähungen, früher auch gegen Darmparasiten.

Zeitweilig bereitete man aus der Pflanze ein Absinth genanntes hochprozentiges Destillat. Da sein hoher Thujon-Gehalt nicht ungefährlich war, führte missbräuchlicher dauernder Konsum zu körperlich-seelischem Verfall – eindrucksvoll dargestellt auf mehreren Gemälden aus der Zeit des Impressionismus. Wegen der Gefahr der Gesundheitsschädigung wird Absinth heute nicht mehr hergestellt. Wermutwein ist dagegen ein durchaus empfehlenswerter Apéritif. Er enthält kein Thujon, sondern nur noch die Wermut-Bitterstoffe und wird meist aus einer thujonarmen bzw. -freien verwandten Art, dem Römischen Wermut, hergestellt.

Bäume wachsen nicht in den Himmel – Sprichwörtliches von Gehölzen

Jeder Erfolg hat bekanntlich seine Grenzen, wie der dezente Hinweis auf die maximal möglichen Wuchshöhen der Bäume verdeutlicht. Bis zur Maximalhöhe – Rekordhalter sind mit etwa 125 Metern australische *Eucalyptus*-Arten – ist es jedoch ein weiter und zudem auch langer Weg, denn auch die größten Bäume fangen ganz klein an, als winzige, krautige Sämlinge mit zunächst nur geringer Überlebenschance. Mit zunehmender Größe sind sie jedoch allen übrigen gestaltlichen Pflanzentypen überlegen. Im Vergleich zu Kräutern und Sträuchern erzielt die Wuchsform Baum also im Wortsinn überragende Erfolge. Bäume sind zudem langlebiger als jedes andere höhere Lebewesen. So werden die kalifornischen Mammutbäume über 4000 Jahre alt. Die ältesten heute noch lebenden Exemplare keimten zu einer Zeit, als in Mitteleuropa gerade die Bronzezeit zu Ende ging. Aber auch die 2000-jährigen Eiben im Allgäuer Voralpenland oder etliche über die Republik verstreute 1000-jährige Linden haben die abendländische Geschichte buchstäblich überstanden.

Aber warum wachsen sie – obwohl fallweise erstaunlich hoch – tatsächlich nicht (weiter) in den Himmel? Die mechanischen Eigenschaften eines kräftigen Baumstammes würden durchaus auch Wuchshöhen bis über 200 Meter zulassen. Aber: So hoch können die feinen Leitbahnen im Holz selbst unter trickreichster Ausnutzung aller physikalischen Kapillarkräfte das für die Blätter wichtige Wasser beim besten Willen nicht transportieren. Ab etwa 130 Meter Länge reißt nämlich auch ein fadendünner Wasserfaden unter seinem Eigengewicht ab. Das seit dem Erdaltertum nachweisbare und durchaus bemerkenswerte Erfolgsprinzip Baum scheitert demnach an einem simplen physikalisch-technischen Sachverhalt.

In den sauren Apfel beißen

Eine unliebsame Sache erledigen

Bevor essbare Früchte richtig reif sind, schmecken sie erfahrungsgemäß ziemlich sauer. So bietet auch der Biss in einen sauren Apfel gewiss kein abgerundetes Geschmackserlebnis und steht bildhaft für eine unangenehme Angelegenheit, die man notgedrungen und nicht besonders lustbetont zu erledigen hat wie Hausputz oder Hemden bügeln. Am Ende der unliebsamen Kulinarik steht aber doch immer ein Gewinn, ähnlich wie beim Schlucken der bitteren Pille zur Wiedergesundung.

Obwohl der Säuregehalt der unreifen Früchte zuverlässig den Glanz aus den Augen vertreibt, ist er biochemisch eine durchaus faszinierende Erscheinung. Eine der Hauptbeteiligten am pflanzlichen Säurerepertoire ist die erstmals vom berühmten Justus von Liebig in Äpfeln nachgewiesene und danach auch so benannte Äpfelsäure, wobei Fachleute die traditionelle Bezeichnung (die beim aus Hessen stammenden Justus von Liebig im dialektalen Originalton wohl „Äbbelsäure" gelautet haben mag) zunehmend aufgeben und nur noch von Apfelsäure sprechen oder gleich zum Zungenbrecher Dihydroxybernsteinsäure greifen. Nach ihrem Vorkommen in Äpfeln, aber auch in allen übrigen unreifen oder auch schon reiferen Früchtchen nennt man die Salze und Ester dieser Säure Malat (lat. *malus* = Apfelbaum). In den heranwachsenden Früchten entsteht die Apfelsäure durch den Abbau von Zucker (Saccharose), der aus den grünen Blättern kontinuierlich in das wachsende Fruchtfleisch importiert wird. In den reifenden Früchten baut sich aus dem Fruchtsäurevorrat auf einem anderen Syntheseweg wieder Zucker auf. Vollreife und dann verführerisch wohlschmeckende Äpfel haben deswegen immer noch einen angenehmen Fruchtsäureanteil, sind aber mit ihrem hohen Zuckergehalt auf jeden Fall süße Früchtchen.

Für einen **Apfel** und ein Ei

Fast unentgeltlich

Nur selten bekommt man eine Sache, die zwar einen gewissen (Sammler-)Wert darstellt, aber beinahe unentgeltlich, sozusagen umsonst oder für einen geradezu lächerlichen Preis und damit spottbillig zu haben ist. Am ehesten kennt man die schon im 17. Jahrhundert gebräuchliche Redewendung in der niederdeutschen Fassung „für 'nen Appel und 'n Ei". Sie entstand wohl im Blick auf die besondere Vorratswirtschaft reicher Bauernhöfe, wo Äpfel und Eier normalerweise in großen Mengen verfügbar waren, deshalb keinen besonderen Wert darstellten und auch ohne besonderes Verlustgefühl an Dritte abgegeben wurden. Ähnlich ist der Ausdruck „für ein Butterbrot" zu verstehen.

Der **Apfel** fällt nicht weit vom Stamm

Wie der Vater so der Sohn

Das Verhältnis vom Stamm und dem Apfel, der ihm aus der Krone bricht, ist genetisch-genealogisch im Sinne von Ab"stamm"ung zu sehen: Die Gene des Baumstamms, der hier gleichzeitig den Stammbaum verkörpert, sind die gleichen wie im Fruchtfleisch (aber nicht wie diejenigen in den Kernen = Samenkörnern!) des Apfels als Vertreter der neuen Generation. Wenn also ein Sprössling in seinen Begabungen, Eigenschaften und Fertigkeiten ein getreues Abbild seiner Eltern ist und gleichsam in ihre Fußstapfen tritt, hat man geradezu den Beweis für die Gültigkeit der Mendel'schen Vererbungsregeln nicht nur bei Apfelbäumen, sondern auch beim Menschen vor Augen. Gewöhnlich zitiert man das Bild vom Apfel nahe beim Stamm für eher ungünstige Charaktermerkmale, die ihre Spur durch die Generationen ziehen, beispielsweise der Neigung zum Alkoholismus. Und wenn ein Apfel nicht weit vom Birnbaum fällt, versteht man die Metapher gar als dezenten Hinweis auf einen nicht folgenlos gebliebenen Seitensprung.

Der fallende Apfel wurde angeblich auch zum Auslöser einer der wichtigsten Entdeckungen der klassischen theoretischen

Physik, nämlich der Gravitation, einer der vier fundamentalen Kräfte in der Natur. Eine der wissenschaftshistorisch berühmtesten Anekdoten hat den folgenden realen Hintergrund: Im Jahre 1666 wütete in England die Pest – die Universität Cambridge schließt ihren Lehrbetrieb. Auch der 23-jährige Mathematikstudent Isaac Newton kehrt sicherheitshalber in sein Heimatdorf Woolsthorpe zurück. Im elterlichen Garten – so die oft kolportierte Legende und auch von Newtons Biographen William Stukeley in seiner 1752 veröffentlichten Vita *Memoirs of Sir Isaac Newtons Life* aufgegriffene Episode – sah der junge Gelehrte einen Apfel vom Baum fallen. Nach einer anderen Version fiel ihm der Apfel sogar auf den Kopf. Newton grübelt nach: Warum fällt der Apfel überhaupt nach unten und fliegt nicht einfach seitlich davon? Offenbar gibt es eine Anziehungskraft der Erde und vielleicht hält diese auch den Mond auf seiner Umlaufbahn – ein damals völlig ungelöstes Rätsel. Im folgenden Jahr 1667 kehrt Newton nach Cambridge zurück, aber erst 1684 weiht er den Astronomen Edmond Halley in seine Überlegungen ein, und dieser drängt ihn zur Veröffentlichung eines der bedeutendsten Werke der Weltgeschichte, der berühmten *Philosophia naturalis principia mathematica* (Die mathematischen Prinzipien der Naturphilosophie, erschienen 1687).

Noch heute kann man im Garten des King's College in Cambridge einen eigens so bezeichneten Apfelbaum sehen, der ein Nachfahre des Exemplars aus dem Newton-Garten ist. John D. Rockefeller hat zu dieser vielleicht nur der Legendenbildung zuzuschreibenden, aber vielleicht auch zutreffenden Begebenheit (Newton hat sie so oder so ähnlich selbst öfter erzählt …) folgende kernige Sentenz beigesteuert: „Wäre Newton ein ungebildeter Mann gewesen, hätte er den Apfel, nachdem er ihn fallen sah, gegessen, statt sich zu fragen, warum er gefallen ist".

Zum Zank**Apfel** werden

Nichtiger Auslöser von Streit

Unsägliche Nachrichten aus dem belanglosen Leben der High Society verbreitet die Regenbogenpresse notorisch bis zum Überdruss. Lange vor der Epoche der Zeitungen war die Hofberichterstattung aus der Welt der (Halb-)Götter eher eine Sache der Mythenbildung, wobei immer wieder erstaunlich ist, wie offenbar überaus irdisch es damals doch bei den angeblich Himmlischen zuging.

Eine der Gestalten, die nach heutigem Sprachgebrauch Schlagzeilen machte, war Paris, der Sohn des Königs Priamos von Troja und seiner Gemahlin Hekabe. Offenbar war er eine Art antiker Playboy und fehlte auf keiner wichtigen Party, so auch nicht auf der Hochzeitsfeier von Peleus und Thetis. Hier warf die immer ein wenig missgünstige Göttin Eris einen Apfel mit der Aufschrift „Für die Schönste" unter die weiblichen Gäste und löste mit diesem Zankapfel eine handfeste Auseinandersetzung unter den

ebenfalls anwesenden Göttinnen Aphrodite, Athene und Hera aus. Paris sollte schließlich den möglicherweise nicht nur verbal ausgetragenen Streit schlichten und bei dieser antiken Misswahl ein Urteil finden. So übergab er die Frucht kurzerhand an Aphrodite, nachdem diese ihn zuvor mit allerhand Versprechungen bestochen hatte, unter anderem mit der Zusage auf eine Ehe mit Helena von Sparta. Die betörend schöne Helena war jedoch bereits mit König Menelaos verheiratet und musste folglich entführt werden. Diese Gewaltmaßnahme löste schließlich den vieljährigen Trojanischen Krieg aus, da die verschleppte und bei den Trojanern möglicherweise recht glückliche Helena auf dem Verhandlungsweg nicht nach Sparta zurückzubekommen war.

Man darf übrigens gründlich bezweifeln, ob das der Aphrodite verliehene Obst wirklich ein verführerischer, saftiger und rotbackiger Apfel war, denn großfrüchtige Sorten, wie man sie heute in jedem Warenhausregal findet, waren in der Antike noch gar nicht bekannt. Kulturpflanzenhistoriker gehen deshalb davon aus, dass der berühmte erste Zankapfel eher eine Quitte war, die im Mittelmeerraum schon seit langem auch als Kulturpflanze weit verbreitet war. Man nimmt das auch im Fall der „Goldenen Äpfel der Hesperiden" an, einem weiteren ziemlich verworrenen Obstkrimi aus der griechischen Mythologie.

Äpfel mit Birnen vergleichen

Ganz Ungleiches im Direktvergleich

Vergleiche wie beim heimischen Obst einholen oder gar „Äpfel und Orangen zusammenzählen" ist nach verbreiteter Einschätzung fast so schlimm wie eine Division durch Null, nämlich rechentechnisch generell unzulässig. Die obstige Redewendung versucht somit am Beispiel angeblich unähnlicher Früchte zu verdeutlichen, dass man Sachbezüge oder Vergleiche bitteschön nur innerhalb gleichartiger

und damit vergleichbarer Objektmengen anstellt. Aber wieso soll ein Addieren von Äpfeln, Birnen und eventuell auch Orangen zum Obstsalat nicht statthaft sein? Die Redensart ist zwar populär und wird auch problemlos verstanden, aber überzeugend ist sie deswegen keineswegs und wird auch nicht dadurch logischer, dass man sie ständig wiederholt.

Zu bedenken ist nämlich Folgendes: Eine vergleichende Beschreibung oder Betrachtung gewinnt doch erst dadurch an Profil, dass sich ihre Gegenstände genügend unterscheiden und man diesen Sachverhalt auch hinreichend deutlich hervorhebt. Wenn man ein Stück Apfel zerbeißt, zermalmen die Zähne das schmackhafte Fruchtfleisch in kurzer Zeit nahezu widerstandslos zu einem homogenen Mus. Ein Stück Birne endet genauso, knirscht aber vorher vernehmlich, weil das Birnenfruchtfleisch von zahlreichen Steinzellnestern (in der pflanzlichen Histologie Sklereiden genannt) durchsetzt ist. Wie sonst als durch einen Direktvergleich von Äpfel und Birnen kann man solche Feinheiten benennen?

Jemanden ver**äppeln**

Zum Narren halten

„Du willst mich wohl veräppeln", entgegnet man leicht irritiert oder fallweise auch ziemlich entrüstet, wenn man sich veralbert, verspottet bzw. zum Narren gehalten oder auf den Arm genommen fühlt. In besonders vornehmen Kreisen wird die niederdeutsche Sprech- und Schreibvariante gar zum etwas verrenkten hochdeutschen „veräpfeln" aufpoliert. Sie stellt damit einen klaren formalen Zusammenhang zum Apfel her, der so aber tatsächlich überhaupt nicht besteht.

Die Redensart leitet sich nämlich vom heute in Mitteleuropa leider kaum noch verstandenen und noch weniger gesprochenen jiddischen Wort *eppel* (= nichtig) ab. Wenn man jemanden veräppelt (pardon: vereppelt) will man ihn mit gezielten Worten herabwürdigen und damit gleichsam zunichte machen, so wie jeder ätzend beißende bis messerscharfe Spott im Grunde genommen den Ruin der gemeinten Zielperson beabsichtigt. Die verbale Demontage einer Persönlichkeit wirkt erfahrungsgemäß nachhaltig. In Frankreich gibt es dazu sogar das passende Sprichwort: „Lächerlichkeit tötet sicherer als jede Waffe".

Zwischen **Baum** und Borke stecken

In der Klemme stecken

Das Leben beschert mancherlei Verlegenheiten und damit die Notwendigkeit, heikle Angelegenheiten zu meistern oder sich aus einer kritischen Zwangslage zu befreien. Wenn jemand wirklich in der Klemme steckt und sich gegebenenfalls zwischen zwei unangenehmen Alternativen entscheiden muss, lässt sich die fühlbare Enge seiner verzwickten Situation treffend mit dem Bild vom Baum und seiner Borke beschreiben. Um Himmels willen nicht zwischen Baum und Borke zu geraten, ist zudem die gut gemeinte Empfehlung, sich möglichst nicht in fremde Angelegenheiten einzumischen. So jedenfalls deutet es ein entsprechendes französisches Sprichwort.

Aus biologischer Sicht anzumerken ist, dass sich zwischen Baum und Borke ein nur wenige Zelllagen umfassendes, aber äußerst lebenswichtiges Gewebe befindet. Direkt unter der aus abgestorbenen Zellen bestehenden Rinde bzw. Borke befindet sich der Siebteil (Phloem) des Baumes, der die löslichen Materialien aus der photosynthetischen Produktion an die Orte des Verbrauchs (Wachstumszonen) oder der Speicherung (Markstrahlgewebe) transportiert – und das gegebenenfalls über Dutzende von Metern. Die Grenze des Siebteils zum eigentlichen Holzkörper markiert das Kambium mit seinen teilungsfähigen Zellen. Von dieser extrem zarten Gewebeschicht geht das jährliche Dickenwachstum der Gehölze aus.

Zwischen Baum (= Totholzkörper) und Borke (ebenfalls tote Gewebeschichten) zu sitzen, bedeutet also auch, sich in einer durchaus existenzbedrohenden Situation zu befinden. Die Bedrohung durch Borkenkäfer, die unter den heimischen Waldbäumen immer wieder Opfer fordern, ist eine Folge ihrer verheerenden Wirkung gerade in den lebenden Baumgeweben unter der schützenden Rinde bzw. Borke.

Buchen sollst du suchen, Eichen aber weichen

Himmeldonnerwetter – was jetzt?

Früher empfanden die Menschen ein Gewitter als göttliches Grollen. Aus dem Respekt vor dem Gewitter rührt auch die Verankerung in allerhand alten Mythen: Wenn die himmlischen Heroen erzürnt den Hammer schwingen, stieben eben sichtlich die Funken aus den Wolken. Der Gewitterdonner ist bezeichnenderweise nach dem germanischen Gott Donar (bzw. Thor) benannt, dem auch der Wochentag Donnerstag seinen Namen verdankt.

Heute weiß man über die physikalischen Vorgänge bei Blitz und Donnerschlag etwas besser Bescheid, aber dennoch bleibt das heftige Sommergewitter ein beeindruckendes und manchmal sogar dramatisch-traumatisches Naturereignis. Seltsamerweise sehen aber viele Menschen die Blitze eher als amüsantes himmlisches Feuerwerk an und fahren erst dann erschrocken zusammen, wenn der laute Donnerschlag folgt, obwohl dann die wirkliche Gefahr schon längst vorüber ist. Die eigentlich kritische Situation ist tatsächlich der dem Donner immer vorangehende und meist nicht einmal Sekunden währende Blitzschlag.

Im Jahre 1752 unternahm der amerikanische Naturforscher und Erfinder Benjamin Franklin (1706–1790) einen geradezu irrwitzigen, weil extrem lebensgefährlichen Versuch: Er ließ tatsächlich einen Drachen in eine Gewitterwolke aufsteigen und löste auch prompt eine elektrische Entladung aus. Seither weiß man, dass Blitze elektrische Erscheinungen sind. Im Prinzip sind sie von gleicher Natur wie der Funkenschlag im knisternden Kleidungsstück. Zur Entstehung einer kräftig geladenen Gewitterwolke benötigt es mit hoher Geschwindigkeit aufsteigende, feuchtwarme Luft. Beim Aufsteigen in höhere und deswegen kältere Luftschichten bilden sich durch Kondensieren kleine Nebeltröpfchen. Nun besteht in der Erdatmosphäre ständig ein schwaches, aber messbares elektrisches Feld mit Feldstärken von etwa 130 V/m. Dieses bewirkt in den aufsteigenden Tropfen einer sich bildenden Wolke eine Ladungstrennung durch Influenz. Die Ladungstrennung bleibt erhalten, wenn die Tropfen schließlich zu Reifgraupeln bzw. Graupeln oder Hagelkörnern erstarrt sind. Ähnlich wie beim Schlurfen über den Teppich tauschen die kollidierenden Teilchen in einer Gewitterwolke durch Reibungs- bzw. Kontaktelektrizität Elektronen aus und bauen so gewaltige Spannungen auf. Die Teilchenströme in einer temperaturbedingt hochturbulenten Gewitterwolke ähneln also einem gigantischen Bandgenerator, mit dem Ergebnis, dass der untere Teil einer aufschießenden Haufenwolke (meist) negativ geladen ist, der obere Teil positiv. Die dadurch verursachte Spannung kann mehrere Millionen Volt betragen.

Beim Blitzschlag gleichen sich nun die aufgetretenen Ladungsunterschiede (Potenzialdifferenzen) schlagartig aus – meist durch 3–7 km lange Blitze zwischen den Wolken und deutlich seltener durch die 1–3 km langen Blitze zur Erde. Ausnahmsweise kann die Wolkenpolarität auch so beschaffen sein, dass der Blitz von der Erde in die Wolke fährt.

Beim Blitzschlag fließen Ströme bis zu 10 000 Ampere. Ein direkter Blitztreffer ist für Mensch und Tier daher (fast) immer tödlich. Wegen dieser objektiven Gefahr gibt es mancherlei gute, aber auch weniger gute Ratschläge für den Fall, dass man draußen einmal von einem Gewitter überrascht wird. Dann erinnert man sich eventuell an irgendwann und irgendwo aufgeschnappte Sprüche wie „Buchen sollst du suchen, Fichten mitnichten, Eichen lieber weichen, Weiden immer meiden". Was trifft nun aber tatsächlich zu?

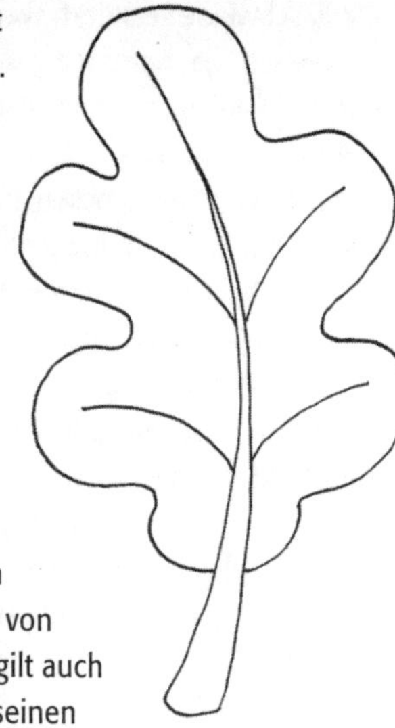

Blitze schlagen im freien Gelände meist in erhöhte Objekte, und da spielt bei frei stehenden Bäumen die Art erwiesenermaßen überhaupt keine Rolle. Bei den rauborkigen Eichen entsteht im Fall eines direkten Einschlags allerdings eine deutlich sichtbare Brandspur, während die eher nasse, aber glattrindige Buche den Strom meist ohne bleibende Schädigung ableitet. Das mag die volkstümliche Redensart von den angeblich schützenden Buchen erklären. Fichten gelten in der bäuerlichen Physik deswegen als kritisch, weil sie schon wegen ihrer Wuchshöhe die Blitze anziehen sollen, und Weiden wachsen in der Nähe von Wasser, das den elektrischen Strom besonders gut leitet.

Bei einem Blitzeinschlag fließen enorm starke elektrische Ströme über die Erdoberfläche hin zur Einschlagstelle. Befindet sich hier ein Körper, der den Strom besser leitet als der Boden, dann wird auch er vom schädigenden Strom durchflossen. So erklärt es sich, dass beispielsweise Weidetiere Opfer von Blitzschlag werden, ohne dass sie ein Blitz direkt getroffen hat. Das Gleiche gilt auch für einen Menschen, der bei Gewitter davonrennt, weil sich dann zwischen seinen beiden Beinen im Falle eines Blitzeinschlags ganz in der Nähe eine äußerst gefährliche Schrittspannung entwickeln kann.

Wenn man tatsächlich in freier Flur vom Gewitter überrascht wird, geht man ganz flach in die Hocke und stellt unbedingt die Füße ganz eng nebeneinander. Genauso verhält man sich im Wald: Man hockt sich hin, lehnt sich auf keinen Fall an hohe Bäume an und hält auch hier die Beine grundsätzlich geschlossen. Was den Körper elektrisch spannungsfrei hält, ist dennoch eine ganz schön angespannte Haltung. Aber zum Glück (und zur anschließenden körperlichen Entspannung) zieht ein Gewitter meist rasch weiter. Im Auto ist man übrigens ziemlich sicher, denn die Karosserie wirkt als Faraday'scher Käfig und leitet den Strom rasch in den Boden ab. Ein Fahrrad oder Mofa bietet dagegen keinen Schutz. Man stellt es also bei Gewitter ab und hält sich in mindestens 3 m Abstand davon auf.

Auf den **Busch** klopfen

Verborgenes zu Tage fördern

Unter einem Busch versteht man üblicherweise einen dicht verzweigten und deswegen ziemlich undurchdringlichen Strauch. Mehrere solcher Strauchgehölze bilden ein Buschwerk oder Gebüsch, beispielsweise am Wegrand. Mancherorts ist der Busch aber auch ein alternativer Begriff für Wald oder zumindest ein größeres Waldstück. In solchen Gehölzen halten sich tagsüber gerne Rehe, Hirsche und

Wildschweine versteckt. Weil sich nun manche Leute einen Sport daraus machen, solche Tiere abzuschießen, die mordslustig muntere Jägerei im geschlossenen Gehölz aber erwiesenermaßen nicht so recht funktioniert, muss man die potenziellen Zielobjekte in freies Schussfeld bringen. Dazu erfand man schon vor Jahrhunderten die Treibjagd. Eine Anzahl so genannter Treiber zieht dazu auf breiter Front lärmend und mit Stöcken auf das Unterholz schlagend durch den Busch, scheucht dabei das verschreckte Wild auf und treibt es den bereit stehenden Jägern direkt vor die Flinte.

Wer bei jemandem mit Worten auf den Busch klopft, möchte durch vorsichtiges oder geschicktes Fragen etwas erkunden oder wichtige Informationen im Vorfeld weiterer Entscheidungen erhalten, damit ihm möglichst nichts durch die Lappen geht. Auch dieser Ausdruck ist der Jägersprache bzw. früheren kuriosen Jagdsitten entnommen. Als man Großwild zu Pferde auf langen, geraden Jagdschneisen im Wald zu Tode hetzte (vornehm Parforcejagd genannt), verhinderte man das seitliche Ausbrechen des Wildes dadurch, dass man an weniger dicht bewachsenen Stellen Tuchbahnen an das Gehölz befestigte. Manchmal gelang es einem Rothirsch oder Wildschwein aber doch, sich „seitwärts in die Büsche zu schlagen" und ging dann seinen Verfolgern schlicht „durch die Lappen".

Da ist doch was im **Busch**

Vermutete Heimlichkeiten

Dichtes Strauchwerk auf der freien Flur oder in der Ummantelung von Waldstücken ist geradezu optimal dazu geeignet, sich vor neugierigen Augen zu verstecken bzw. dem unerwünschten Blick zu entziehen („Wo ein Wille ist, ist auch ein Gebüsch"). Mit etwas hinter dem Busch halten, bedeutet demnach, seine Meinung oder Einschätzung zunächst nicht offen kundzutun und weiterhin im Verborgenen zu taktieren. Die Gesprächspartner vermuten, dass noch nicht alles diskutiert oder erläutert wurde, und gehen dann oft zu Recht davon aus, dass noch „etwas im Busch" ist. Mitunter verwendet man die Redensart auch in dem Sinne, dass in Kürze irgendein Problem auftritt, so wie absehbar ein Gewitter aufzieht.

Das Bild vom Taktieren hinter dem Busch stammt aus dem militärischen Sprachgebrauch: Man hielt seine kampfbereite Truppe so lange hinter einem dichten Gebüsch oder Waldstück vor fremden Blicken versteckt, bis man schließlich „damit herausrückte", um den Gegner aus dem „Hinterhalt" zu überraschen und anzugreifen. Ähnlich versteht sich auch die Wendung „mit etwas hinter dem Berg halten". Die im tarnenden Gebüsch lauernde Gefahr steckt auch in alten Bezeichnungen wie „Strauchdieb" bzw. „Strauchritter", denn Wegelagerer operierten ähnlich wie eine organisierte Streitmacht aus dem sicheren Versteck, das ihnen die dichten und unübersichtlichen Gehölze an den früheren Handelswegen boten.

Zittern wie **Espenlaub**

Schlottern vor Angst

Die Redensart ist zwar allgemein bekannt, aber den betreffenden heimischen Laubbaum kennen die meisten Mitmenschen erfahrungsgemäß nicht, obwohl er mindestens so häufig ist wie Birke und Buche. Die Espe oder Aspe trägt den von Carl von Linné überaus trefflich gewählten wissenschaftlichen Namen *Populus tremula*: *Populus* ist der Gattungsname für sämtliche Pappeln und *tremula* heißt einfach die Zitternde (vgl. das lateinische bzw. medizinische *tremor* = Zittern). Ein weiterer Name für dieses Gehölz ist daher zutreffend Zitterpappel. Sie ist die in Europa am weitesten verbreitete Pappelart. In Nordamerika kommt eine sehr ähnlich aussehende Art mit der regionalen und auch als Ortsnamen verbreiteten Bezeichnung *Aspen* vor – die wissenschaftliche Bezeichnung lautet *Populus tremuloides*. Im Unterschied zur heimischen Zitterpappel bringt sie eine äußerst ansehnliche Herbstfärbung in heftigsten Gelborange-Tönen hervor und überzieht ab Ende September die Hänge der Rocky Mountains mit spektakulärem Gold.

Aber wieso Zitterpappel? Wenn „Der Wind in den Weiden" (so ein bekanntes und mehrfach verfilmtes Kinderbuch) kräftig zupackt, ist erfahrungsgemäß einfach alles von den Ästen über die Zweige bis zu den Blättern in Bewegung. Bei Windstärke 0–1, seemännisch die klassische Flaute, herrscht im Laubwerk der meisten heimischen Baumarten jedoch absolute Ruhe. Nicht so bei den Zitterpappeln. Schon der leiseste Windzug genügt, um ihre fast kreisrunden Blätter allesamt flattern und flimmern zu lassen. Der Grund für diese bemerkenswerte Sensibilität gegenüber schwachen bis schwächsten Luftströmungen ist die besondere Konstruktion der Blattstiele: Sie sind bei der Zitterpappel seitlich stark zusammengedrückt, sodass der Blattstiel-Blattspreiten-Übergang ein wenig schwach bzw. hochgradig gelenkig ausfällt. Ein überaus sanfter Hauch genügt also, die Blattflächen mehrheitlich in bemerkenswerte Unruhe zu versetzen und dann eben zittern zu lassen wie Espenlaub, während ringsum die Blätter anderer Laubbaumarten in stoischer Ruhe verharren.

Wenn jemand „zittert wie Espenlaub", hat er offenkundig ein psychisches Problem.

Das allgemeine Kältezittern, mit dem die Körpermuskulatur respiratorisch Abwärme erzeugt und den Bewegungsapparat damit auf einer zumindest minimalen Betriebstemperatur hält, kann damit nämlich nicht gemeint sein. Eher betrifft es das adrenalinvermittelte Angstzittern, das die Sinne schärft und auf potenzielle Abwehr einstimmt – so wie, allerdings zumeist unbegründet, sich jemand aus welchen Gründen auch immer nachts ganz allein auf dem Zentralfriedhof einer Großstadt befindet. Eine analoge Stimmungslage stellt sich allerdings auch völlig ortsunabhängig in bestimmten Lebenssituationen ein, etwa vor Prüfungen oder bei Gesprächsterminen im Finanzamt.

Mit dem **Feigen**blatt zudecken

Peinliches ausblenden

Prüderie, die unbegreifliche Scheu vor ein paar Quadratzentimetern unbedeckter Haut, hat vielerlei Ausdrucksformen. Unter anderem zeigt sie sich auch in strengen Vorschriften für eine bestimmte Garderobe, hinter der sich ihre möglicherweise doch recht ansehnlichen Trägerinnen bis auf Sehschlitze komplett verschanzen. In der Kunst ging man mit dem Problem des (halb-)nackten menschlichen Körpers epochenweise unterschiedlich um: Von Körperverrenkungen, die sämtliche sekundären Geschlechtsmerkmale geschickt aus der Blickachse nahmen, bis hin zu seltsam flatternden oder verschlungenen Stoffdrapierungen haben Malerei und Plastik über die Jahrhunderte mancherlei kurios anmutende Darstellungstechniken entwickelt, um die direkte Nacktheit zu vermeiden.

Falls es das Thema oder der Adressatenkreis erforderten, verwendete man von der Antike bis in die Renaissance als Kleidungsersatz das berühmte Blatt des mediterran verbreiteten Feigenbaumes, sozusagen eine Art vegetabilischer Mini-Tanga. Die Wahl gerade dieses Naturobjektes war trickreich, denn erstens hat es mit seinem breit-dreieckigen Umriss exakt den passenden Zuschnitt und zweitens auch noch die richtige Größe, um die ach so unerträgliche männliche oder weibliche Problemzone zumindest notdürftig zu überkleiden. Im Prinzip hätte man dazu auch andere

Blätter nehmen können, beispielsweise die ähnlich konfektionierten der Weinrebe. Aber möglicherweise wurde die Wahl auch durch die Bibel motiviert. Im 1. Buch Moses (3,7) heißt es nach dem Sündenfall von Adam und Eva: „Da wurden ihrer beider Augen geöffnet, und sie erkannten, dass sie nackt waren, und flochten Feigenblätter zu einem Lendenschurz zusammen." Seither ist das Feigenblatt nicht nur Textilersatz, sondern steht bildhaft für alles, was als schamhafte Verhüllung oder zur Tarnung von Sachverhalten dient, die das Licht der Öffentlichkeit scheuen sollen.

Das ist ja **Hanebüchen**

Völliger Unfug

Als grob, derb, handfest oder – im erweiterten Sinne – rücksichtslos, flegelhaft, unverschämt bzw. absurd oder eben hanebüchen charakterisiert man einen so nicht akzeptablen Sachverhalt, beispielsweise eine freche Unterstellung, eine behördliche Fehlentscheidung, ein fragwürdiges Gerichtsurteil oder eine unglaubwürdige Geschichte. Der Begriff leitet sich von der Hainbuche ab, die in Norddeutschland auch Hage- oder eben Hanebüche heißt. Ihr helles, druckfestes, zähes und hochelastisches Holz, das man wegen seiner mechanischen Eigenschaften früher in der Stellmacherei und heute vor allem für Sportgeräte (beispielsweise Billardqueues), Werkzeuggriffe sowie im Musikinstrumentenbau (Klaviermechanik) einsetzt. Die grobklotzigen Eigenschaften des Holzes, das übrigens nicht besonders verwitterungsfest ist, hat man auf unfeines Verhalten oder unbedachte Sprüche übertragen.

Übrigens: Im Unterschied zur so richtig geschriebenen Hainbuche sieht die orthographisch korrekte Schreibung der Rot-Buche einen Bindestrich vor. Damit bringen die Botaniker zum Ausdruck, dass die Hainbuche (Gattung *Carpinus*, Familie Birkengewächse) und die eigentliche Buche (Gattung *Fagus*, Familie Buchengewächse) nicht näher miteinander verwandt sind.

Auf dem **Holzweg** sein

In die Irre gehen

Wer statt UPS-gestützter Navigation in unbekanntem Gelände mit der konventionellen Wanderkarte unterwegs ist oder sich auf seinen Spürsinn verlässt, geht mitunter in die Irre, weil manche Pfade, die wie Wege aussehen, tatsächlich keine sind und ins Nichts führen. So legt die Forstverwaltung rechts und links von den Hauptwegen abzweigende Stichpfade zu einzelnen Waldparzellen an, auf denen nur das gefällte Holz abtransportiert wird. Wer hier von der Hauptroute auf einen Seitenpfad gerät, findet sich also auf dem Holzweg und kommt folglich auch nicht an das angepeilte Ziel. Schon im Mittelhochdeutschen finden sich ähnliche Bezeichnungen, die man bald auch im Sinne von Irr- und Abwegen verwendete. Der Philosoph Martin Heidegger betitelte mit „Holzwege" sein 1950 erschienenes Buch. Ob er die potenziellen Leser damit vor eventuell abwegigen philosophischen Traktaten warnen wollte?

So ein kalter **Kaffee**

Abgestanden und unnütz

Caffè freddo, Latte macchiato mit Vanilleeis, Eiskaffee und weitere köstlich-sommerliche Verheißungen aus der italienischen Eisdiele haben zwar alle mit ziemlich kaltem Kaffee zu tun, sind aber mit der relativ jungen Redensart tatsächlich nicht gemeint. Ihr spezifischer Gegenstand sind auch nicht die eiskalten Cola-Getränke, die mit Kaffee zumindest die dunkelbraune Farbe und den heftigen Koffeingehalt (hier aus der südamerikanischen Cola-Bohne) teilen. Abgesehen von solchen verführerischen Abwandlungen des ursprünglich wohl unbedingt sehr schwarz, sehr heiß, womöglich auch sehr süß (eben fast als erotische Programmansage: black, hot and sweet) und auf jeden Fall recht stark servierten Gebräus, dessen Name und geographische Herkunft arabisch sind, ist die kalte Variante im Allgemeinen wenig geschätzt: Als „kalten Kaffee" bezeichnet man abgestandenes, veraltetes Zeug, das nun wirklich niemanden mehr interessiert. Von dieser Redewendung kennt die Umgangssprache sogar noch eine Steigerung: „Da kommt mir doch der kalte Kaffee wieder hoch!" sagt man (eventuell), wenn man mit einer scheußlichen, widerwärtigen Situation konfrontiert wird.

Jemanden durch den **Kakao** ziehen

Der Lächerlichkeit preisgeben

Die süßeste Verführung, seit es Schokolade gibt, verdankt ihre Existenz einer schon ins 17. Jahrhundert zu datierenden Erfindung kubanischer Nonnen: Sie dickten das dort schon länger bekannte, aus den Samen des südamerikanischen Kakaobaums *Theobroma cacao* hergestellte Kakaogetränk mit Kakaobutter, karibischem Zucker sowie ein paar weiteren Zutaten zu einer dicklichen Masse ein. Allerdings bleiben angesichts der tropischen Temperaturen gewisse Zweifel, ob dieses Produkt schon quadratisch oder praktisch bzw. überhaupt gut war. Immerhin wurde es vor allem von den Spaniern begeistert aufgenommen und alsbald auch in Europa ebenso bekannt wie beliebt. Zum entscheidenden Durchbruch verhalf der Schokolade erst die Erfindung der Conchiermaschine durch den Schweizer Philippe Suchard (1826), welche die Kakaopulver-Zucker-Mischung so vermischte, dass am Ende ein tatsächlich auf der Zunge zergehendes, weil besonders feincremiges Produkt entstand.

Eine Tasse Kakao (auf der Karte im Café steht vornehm „Trinkschokolade" oder noch vornehmer „Chocolat chaud") genussvoll zu konsumieren, ist zweifellos eine total angenehme Erfahrung. Durch den Kakao gezogen zu werden, ist sicherlich eine eher problematische Erfahrung.

Aber wieso eigentlich Kakao? Die Redensart meint eigentlich gar nicht das Getränk, sondern verwendet den Kakao lediglich als einigermaßen tolerable Salonversion für die in der volksnah derberen Umgangssprache häufiger zitierten Endprodukte der Verdauung, die nach ihrem lateinischen Stammwort *cacare* genauso mit „Ka ..." anlauten und als Komponenten der Fäkalsprache zitiert werden. Die Kakao-Variante meint meist, jemanden veralbern, die ursprüngliche dagegen, eine Person oder Sache übelst durch den Schmutz ziehen.

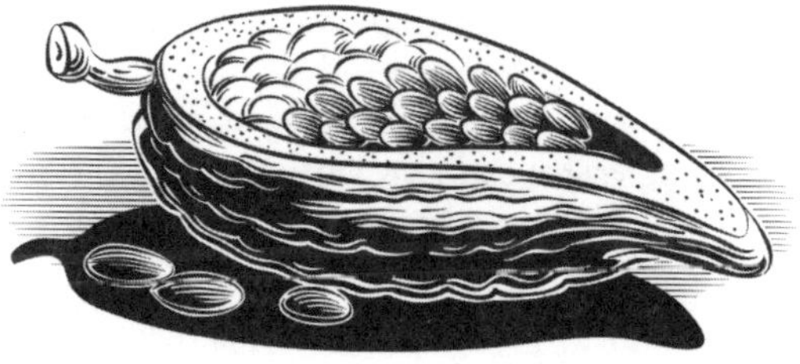

Die **Kastanien** aus dem Feuer holen

Eine heiße Sache klären

Unter Kastanien versteht man hierzulande in erster Linie die wunderschön glänzend braunroten und dazu so angenehm handschmeichlerisch gerundeten Samen der Rosskastanie, die mit Abstand größten Samenkörner in der heimischen Flora. Nicht nur Kinder, sondern auch Erwachsene können die frisch aus ihrer Kapselfrucht geplatzten Rundlinge einfach nicht liegen lassen, obwohl man praktisch nichts damit anstellen kann. Nicht einmal essen darf man sie, denn sie enthalten mengenweise giftige Saponine. Für pflanzenfressende Wildtiere sind sie jedoch ernährungstechnisch unkritisch.

In den südlichen Ländern meint man mit Kastanien die Samen der Ess- oder Edelkastanie, die mit der Rosskastanie nur über fünf Ecken verwandt ist und zur Familie der Buchengewächse gehört. Die in unangenehm nadelspitz gespickte Stachelkapseln verpackten Samen heißen auch Maronen. Traditionell röstet man sie in der Glut vom Kaminofen oder Holzkohlengrill. Die gegarten Kastanien aus dem Feuer zu holen, ist indessen nicht ohne Risiko, denn man kann sich dabei kräftig die Finger verbrennen. Sie gar für jemand anderen sicherzustellen, ist betont uneigennützig und steht bildlich für eine Unannehmlichkeit, die man freiwillig erledigt. Ursprünglich stammt diese Geschichte wohl aus einer Fabel von Jean de La Fontaine (1621–1695), in der ein Affe trickreich eine Katze beschwatzt, ihm die begehrten Leckereien aus der Glut zu beschaffen.

Lorbeeren ernten

The winner takes it all

Nein – die Beerenfrüchte sind mit dieser Redensart nicht gemeint. Zudem sind Lorbeerbeeren ziemlich ungenießbar und sogar ein wenig giftig. Eher rundet man mit dem ätherischen Öl der Blätter die geschmacklichen Qualitäten von Fisch- und Fleischspeisen ab. Im Altertum war die Pflanze – wie viele Immergrüne – ein Symbol der Unsterblichkeit. Auch glaubte man, der Strauch könne moralisch-seelisch gleichsam Hausputz halten. Daher verwendete man den Lorbeer bei Triumphzügen, um sich von dem im

Krieg vergossenen Blut zu befreien. Später wurde er dekorative und ehrende Zugabe auch bei gänzlich unblutigen Leistungen. Vom lateinischen Wort *laurus* (= Lorbeer) leitet sich der Laureat (= der mit Lorbeer Bekränzte) ab. So bezeichnet man beispielsweise die Nobelpreisträger, wenn sie ihre Medaillen, Urkunden und Schecks in Stockholm bzw. Oslo abholen.

Die heute übliche und auch in Hochschulkreisen weithin kursierende Begriffsdeutung des aus dem englischsprachigen Raum übernommenen Bachelor als akademischer Grad mit dem lateinischen *bacca* (= Beere) und *laurus* (nicht *laureus*! = Lorbeer) ist nicht korrekt. Der Bachelor leitet sich von der erst im mittelalterlichen Latein verbreiteten Bezeichnung *baccalaureus* (= Edelknecht oder niederer Kleriker) ab.

Eine harte **Nuss** zu knacken geben

Die Aufgabe hat es in sich

Mit den Nüssen ist das so eine Sache, denn die wenigsten, die man dafür hält, sind tatsächlich welche. So ist beispielsweise die Walnuss aus botanischer Sicht eine klassische Steinfrucht – das ölreiche, schmackhafte Innenleben entspricht einem Kirschkern oder einer Mandel. Die Kokosnuss kann man als Nuss ebenso vergessen, denn auch sie gehört zu den Steinfrüchten. Die knallharte Paranuss ist eine verholzte Kapsel, die Cashewnuss ein verdickter Fruchtstiel. Richtige Nüsse sind dagegen Buchecker, Erdnuss, Esskastanie, Haselnuss und die Erdbeere in ihrer Eigenart als Sammelnussfrucht. Allein die korrekte Zuordnung diverser essbarer Kerne in die richtige Fruchtkategorie kann also schon eine ziemlich harte Nuss sein, an der man ohne ein wenig Botanik erbarmungslos scheitert.

Scheitern würde man normalerweise auch beim Öffnen der steinharten Schalen, wenn man nicht grob-mechanisches Werkzeug wie Nussknacker zur Hand nimmt. Mäuse und Eichhörnchen bewältigen das Problem mit ihren Zähnen, Vögel, wie Eichelhäher und Krähen, schaffen den Nuss-Crash, indem sie sie einfach aus größerer Höhe auf Steine fallen lassen.

Der weiche Kern der Steinfrucht Walnuss erinnert mit seinen Furchen und Windungen und der äußeren zarten Haut auffallend an ein Säugergehirn – die harte Steinwand wäre dann passenderweise die Schädeldecke. Aus dieser Beobachtung ist wohl die Redensart „eins auf die Nuss geben" entstanden, was im Interesse eines weiterhin funktionierenden Denkvermögens keine unbedingt empfehlenswerte Maßnahme ist.

Jemanden auf die **Palme** bringen

Kurz vor dem Höhepunkt

„Der ist auf 150", sagt man jemandem nach, der sich über eine Sache ganz furchtbar aufregen kann. Mit der Zahlenangabe könnte dann durchaus sein systolischer Blutdruck gemeint sein. „Hochgehen wie eine Rakete" oder die „Wände hochgehen" verwendet das gleiche Bild, nämlich aus Ärger, Wut oder Zorn total erbost den sicheren Boden verlassen und die dritte Dimension aufsuchen.

„Jemanden auf die Palme bringen" schmückt diese abhebende Vorstellung noch weiter aus und verwendet eventuell die zutreffende Beobachtung, dass sich auch hochgradig erregte Affen schnellstens auf den nächsterreichbaren Baum schwingen.

„Von der Palme wieder herunterkommen" beschreibt entsprechend das Gegenteil, nämlich sich beruhigen und zur Normalverfassung zurückfinden. Gegebenenfalls muss man einen völlig Entnervten auch „frisch aus der Palme schütteln", um ihn wieder „auf den Teppich" zu bringen.

Das sind doch wirklich **Peanuts**

Kaum der Rede wert

Peanuts, wörtlich wohl wegen ihrer geringen Größe „Erbsennüsse", bedeutet im Englischen einerseits Erdnuss und andererseits, da man sie sackweise zu einem geringen Preis handelt, auch Kleinigkeiten oder Nebensächlichkeiten, die wirklich nicht der Rede wert sind. Die in die deutsche Sprache erst unlängst eingeführte Wendung ist ein Beispiel dafür, dass sich auch in der Gegenwart neue Redensarten rasch verbreiten, insbesondere solche mit englisch-amerikanischen Begriffen. Besonders bekannt wurden die angeblich nichtigen Erdnüsse durch eine Bemerkung aus der Vorstandsetage der Deutschen Bank, als man die offenen Gläubigerforderungen an einen betrügerischen Großunternehmer als Peanuts bezeichnete. Seither wird dieser Vergleich in der gegenwärtigen Umgangssprache oft verwendet.

Die Erdnuss *Arachis hypogaea* stammt aus Südamerika. Von der erstmals wohl in den Anden Boliviens angebauten Form kennt man übrigens keine Wildpflanze – die spanischen und portugiesischen Eroberer trafen im Ursprungsgebiet bereits ausschließlich die von den Indianern kultivierten Arten an und brachten die Pflanze nach Europa. Von hier gelangte sie nach Afrika, von wo sie mit dem Sklavenhandel in die südöstlichen USA eingeführt wurde. Lange Zeit galt die Erdnuss nur als Nahrung armer Leute oder als Tierfutter, ehe man sie im 20. Jahrhundert als wichtige und überaus interessante Nutzpflanze entdeckte und zahlreiche Sorten herauszüchtete. Die wichtigsten Erzeugergebiete sind heute China, Indien und die USA.

Als Vertreterin der Schmetterlingsblütengewächse wie Bohnen, Erbsen, Ginster, Klee und Linsen sollte die Erdnuss eigentlich klassische Hülsenfrüchte entwickeln. Tatsächlich sind ihre Früchte aber echte Nüsse, deren Fruchtwand leicht holzig und netzartig runzlig ist. Während sie sich am verlängerten Blütenboden entwickeln, nehmen sie aus dem Boden, ähnlich wie normale Pflanzenwurzeln, mineralische Nährstoffe auf direktem Wege auf.

Hinschicken, wo der **Pfeffer** wächst

Geh' mir aus den Augen

Im späten Mittelalter, als die Redensart entstand, hatte man keine Vorstellung davon, wo der Pfeffer eigentlich zu Hause ist. Nur so viel war klar, dass er aus einer entlegenen Region am Rande der damals bekannten Welt stammen müsse. Man vermutete Indien, wo der (echte) Schwarze Pfeffer (*Piper nigrum*) auch tatsächlich beheimatet ist. Das bewog übrigens Kolumbus (wegen der damals enorm hohen Pfefferpreise), den Seeweg exakt dorthin zu suchen. Jemanden nach einer heftigen Auseinandersetzung in die Heimat des Pfeffers zu wünschen oder zu schicken, bedeutet, ihn möglichst aus dem Blickfeld verschwinden zu lassen und nicht mehr ertragen zu müssen. Erst viel später bezog man die Wendung auf Cayenne, die Hauptstadt von Französisch Guyana, wo im 19. Jahrhundert eine Strafkolonie bestand, die wegen des mörderischen Tropenklimas berüchtigt war. In dieser Region ist der auch Chilli genannte Cayennepfeffer zu Hause, ein Gewürz aus der Verwandtschaft des Paprika. Hinschicken, wo der Pfeffer wächst, wäre heute übrigens keine so ganz schreckliche Vorstellung mehr, sondern eher eine erlebnisreiche Fernreise.

Für die exotisch orientierte Kulinarik gibt es heute eine Menge unterschiedlicher Pfeffersorten:

Grüner Pfeffer sind die ausgewachsenen, aber noch unreif grün geernteten Pfefferfrüchte der Spezies Schwarzer Pfeffer (*Piper nigrum*), die man sofort nach dem Pflücken in Salzlake taucht oder gefriertrocknet, eine Prozedur, die das sonst unvermeidlich eintretende oxidative Braunwerden verhindert.

Schwarzer Pfeffer wird vor der Vollreife bei beginnender Rötung der Früchte geerntet. Diese trocknet man an der Sonne oder über Feuer, wobei sie leicht fermentieren. Die Trocknung lässt die fleischige mittlere Fruchtwand (= Mesokarp) runzlig werden. Schwarzer Pfeffer schmeckt deutlich schärfer als der erntefrische und meist weiche Grüne Pfeffer.

Weißer Pfeffer wird aus den vollreif rot geernteten Früchten gewonnen. Man taucht sie etwa 2 Wochen lang in Wasser (Wasserröste), wobei sie zu gären beginnen und sich die Fruchtschale sowie das Fruchtfleisch (Mesokarp) zersetzen. Nach weiterer reinigender mechanischer Behandlung bleibt der grauweiße Steinkern (Endokarp) zurück. Er wird an der Sonne zusätzlich gebleicht.

Roter Pfeffer sind die vollreif rot geernteten und ungeschälten Früchte, die man zur Konservierung in Salzlösungen einlegt oder temperaturgeführt trocknet.

Rosa Pfeffer wird gelegentlich ebenfalls als Roter Pfeffer gehandelt, stammt aber nicht von der Pfefferpflanze *Piper nigrum*, sondern vom Pfefferbaum (*Schinus molle*) aus der gleichen Verwandtschaft wie Cashew, Mango und Pistazie.

Keine **Rose** ohne Dornen

Manches hat so seinen Haken

Die rote Rose beim Rendezvous ist eine klare Ansage und seit Jahrhunderten ein fester Bestandteil des menschlichen Balzverhaltens. Schon im Altertum war die zugegebenermaßen nett anzusehende und dazu auch noch umwerfend duftende Rose eine bedeutende Symbolpflanze – sie war zudem ein Attribut der griechischen Aphrodite bzw. römischen Venus, der Göttin der Schönheit und der Liebe. Im christlichen Mittelalter übertrug man ihren Symbolgehalt auf die Gottesmutter Maria und verlieh ihm unter anderem auch Ausdruck in den großartigen Fenster„rose"tten gotischer Kathedralen.

Trotz aller Schönheit und Symbolträchtigkeit hat die Sache auch ihren Haken: in Gestalt spitzer Auswüchse von erbarmungsloser Eindringlichkeit auf den Blattunterseiten und an den Stängeln. Das – übrigens auch tiefenpsychologisch durchaus bemerkenswerte – Bild vom unzugänglichen Dornröschen-

schloss und seiner jungfräulichen Bewohnerin begründet die übliche Einschätzung, wonach die bedrohlich spitzen Hakengebilde an Rosenblatt und Rosenstängel Dornen seien. Für solche unverschämt unangenehmen Pflanzenteile haben die Botaniker aber auch noch einen anderen Fachbegriff – es könnte sich dabei auch um Stacheln handeln und wenn die erst einmal tief im Fleisch sitzen, kommt ebenfalls überhaupt keine Freude auf. Aber wo liegen nun die ganz genauen Unterschiede?

Dornen sind nach botanischer Festlegung immer die jeweils komplett umgewandelten, festen Pflanzenorgane, etwa der Umbau von Sprossen oder Blättern. Ein mit Sprossdornen ausgestattetes Gehölz ist der Weißdorn oder der verwandte Feuerdorn. Blattdornen trägt beispielsweise die Robinie – hier sind zumindest die paarigen Nebenblätter in zwei kräftige Dornen umgewandelt. Stacheln hingegen sind immer nur Oberflächenbildungen (also epidermale Auswüchse) an Pflanzenorganen, die zudem verhältnismäßig locker sitzen und sich durch seitlichen Druck leicht abknicken lassen. Man findet sie etwa bei Himbeeren und Brombeeren, und exakt so liegen die Dinge bei allen Wild- und Gartenrosen. Das berühmte Hohelied aus dem Alten Testament überspielt in Vers 2,2 verkennend den tatsächlichen botanischen Sachverhalt und schwärmt unbekümmert: „Wie eine Rose unter den Dornen, so ist meine Freundin unter den Töchtern". Das Hohelied ist eine – im biblischen Kontext übrigens durchaus überraschende – bemerkenswerte Sammlung von Liebes- und Hochzeitsliedern. Der Überlieferung nach soll König Salomon (9. Jahrhundert v. Chr.) der Autor sein, doch sind viele der überaus anmutigen Texte vermutlich erst in späterer Zeit entstanden.

Der hat nicht alle Nadeln an der **Tanne**

Befürchtungen um den Geisteszustand

Solche und ähnliche Wendungen sollen ausdrücken, dass jemand nicht recht bei Verstand ist und offensichtlich nicht alle seine Sinne beisammen hat oder sie zumindest nicht in der richtigen Reihenfolge wirken lässt. Die Formulierung von den „Nadeln an der Tanne" erinnert stark an die umgangssprachlich etwas geläufigere mit den fehlenden „Tassen im Schrank". In beiden Fällen dürfte die sprachmelodisch recht hübsche Reihung von a-Vokalen für die Beliebtheit ausschlaggebend gewesen sein, wobei sich für die Tassen zudem eine Ableitung vom jiddischen Wort *toschia* (= Klugheit) anbietet. Wo der Verstand offenkundig fehlt, ist der Kopf tatsächlich ein Notstandsgebiet.

Den **Wald** vor lauter Bäumen nicht sehen

Vielfalt stört die Wahrnehmung

Abstrakte und konkrete Begriffe haben ihre feste Ordnung; manche bezeichnen Hauptsachen, andere transportieren Nebensächlichkeiten. Was vor- und eher nachrangig ist, entscheidet oft erst der Zusammenhang der Aussage. Diese Erkenntnis liegt auch dem hübschen Bild vom Wald zu Grunde, den man als solchen gar nicht wahrnimmt, weil man zu sehr mit dem Vordergründigen, nämlich den einzelnen Bäumen, beschäftigt ist. Man steht also direkt vor dem Gesuchten, lässt sich aber durch Kleinigkeiten oder eine gewisse Detailfülle den Blick für das Ganze oder das Wesentliche total verstellen, ist also in seiner Wahrnehmung gleichsam befangen.

Ein solches wahrnehmungspsychologisch bemerkenswertes Bild mit mangelnder Übersicht und der konsequenten Verwirrung durch zu viele Einzelheiten ist schon beim römischen Dichter Ovid (43 v. Chr.–ca. 8 n. Chr.) belegt, und Goethe (1749–1832) notiert in seinen „Materialien zur Geschichte der Farbenlehre": „Man sieht lauter Licht, keinen Schatten, vor lauter Hellung keinen Körper, den Wald nicht vor Bäumen, die Menschheit nicht vor Menschen."

Mit **Zitronen** gehandelt haben

Die Sache ging gründlich daneben

Wer mit den knallgelben Zitrusfrüchten handelt, die genau so sauer schmecken wie sie heißen, gehört entweder zur Branche der Obstverkäufer oder ist in einem gänzlich anderen Metier tätig, in dem er einen empfindlichen Misserfolg verkraften muss. An sich gehören die saftigen Zitronen, deren Fruchtfleisch durchaus Säurewerte um pH 3 aufweisen kann, in jeder Küche zu den eingeführten Standardzutaten, vom Dressing für einen bunten Salat bis zum Träufelsaft auf Fischgerichten oder Wiener Schnitzel. Im Prinzip kann der Südfruchtfachhandel daher von gleichbleibend guten Umsätzen ausgehen. Die erkennbar problematisierende Redewendung meint jedoch entweder ein einseitiges und somit riskantes Geschäft, bei dem man auf seiner Ware sitzen bleibt wie auf einer Schiffsladung Zitronen, oder kennzeichnet die (zitronen-)säuerliche Miene eines Geschäftsmannes, dem sich ein anfangs vielversprechend gewinnträchtiger Abschluss zerschlagen hat. Da hilft es auch nicht, wenn er seine Gesprächspartner noch im Nachhinein „ausquetscht wie eine Zitrone".

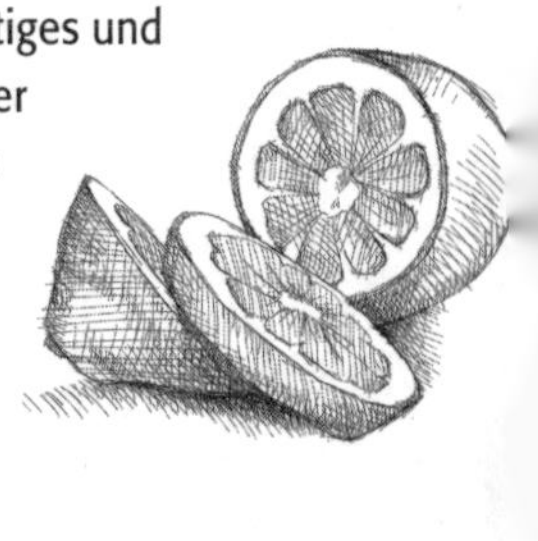

Fleißig wie die Bienen – die Wirbellosen im Sprichwort

Kein zweites Insekt haben wir so „lieb“ gewonnen wie die Biene – und das aus ganz und gar eigennützigen Gründen. Bis in die Steinzeit zurück reicht die menschliche Nutzung des Honigs, der lange Zeit tatsächlich der einzige verfügbare natürliche Süßstoff war, bis der Rübenzucker mit dem Zuckerrübenanbau Anfang des 19. Jahrhunderts dem Bienenprodukt den Rang ablief. Die Bedeutung der Honigbiene beschränkt sich jedoch keineswegs auf die Produktion von Honig und Wachs. Als wichtigster Blütenbestäuber für viele unserer Nutzpflanzen, von Obstbäumen über Ölfrüchte bis zu den kleeartigen Futterpflanzen, sind Bienen unverzichtbar für uns. Die staatenbildenden Insekten mit ihrer strengen Arbeitsteilung zwischen Geschlechtstieren, der Königin und den Drohnen, und Arbeiterinnen, sind wahre Arbeitstiere. Bei günstigen Trachtbedingungen kann man von einem guten, kopfstarken Bienenvolk aus bis zu 80 000 Tieren im Jahr bis zu 50 Kilogramm Honig erhalten, wobei der Durchschnittsertrag bei ungefähr sieben Kilogramm pro Volk liegt.

Die dazu notwendigen Leistungen der Arbeitsbienen sind geradezu gigantisch. Um drei Kilogramm Nektar zu sammeln, die etwa ein Kilogramm Honig ergeben, müssen die Bienen ungefähr 60 000 Mal ausfliegen und ungefähr vier Millionen Blüten anfliegen. Ein solcherart bewundernswerter Fleiß ist berechtigterweise sprichwörtlich – wenn er auch in der Vergangenheit nicht immer hoch oder richtig eingeschätzt wurde. Von Demokrit von Abderra bis zu Charles Dickens spannt sich der Bogen der Kritiker des Bienenfleißes. Während der alte Grieche die Bienen deshalb wenig wertschätzte, weil sie wie der „Geizige arbeiten, als ob sie ewig leben würden“, tun sie nach Dickens einfach des Guten zu viel: „They work, but … they overdo it“. So viel zu den fleißigen Bienen. Wenigstens rücken die (Bienen-)Männer das Bild wieder gerade. Auch im mitteleuropäischen Kulturkreis scheint die Redensart ja eher auf die Weiblichkeit gemünzt, oder? Andererseits: Dem bedeutenden Physiker Albert Einstein (1879–1955) schreibt man immerhin die kernige Sentenz zu: „Wenn die Biene von der Erde verschwindet, dann hat der Mensch nur noch vier Jahre zu leben“.

Am seidenen **Faden** hängen

Schicksal auf des Messers Schneide

Etliche Säugetiere, fast alle Vögel und eine Vielzahl von Insektenarten können fliegen und haben sich damit den Luftraum erobert. Zu den tierischen Aeronauten gehören eigenartigerweise auch Spinnen, auch wenn sie zu keinem Zeitpunkt ihrer Entwicklung Flügel besitzen. Ihr Segelflug mit dem Wind erinnert ein wenig an einen fliegenden Teppich: Die Jungspinnen, und von einigen Arten auch die Zwergmännchen, lassen aus ihren Spinnspulen einen besonders langen Seidenfaden austreten und driften damit, buchstäblich am seidenen Faden hängend, über Dutzende bis Hunderte Kilometer davon. Die fliegenden und glitzernden Fäden kennt man bei uns als Altweibersommer, während die winzigen Passagiere meist unerkannt bleiben. Oft haben sie sich aber auch schon längst von ihrem Luftfahrtgerät gelöst, und der seidene Faden driftet ohne seinen Passagier umher.

Am seidenen Faden hängen bedeutet in der Umgangssprache so viel wie auf der Kippe stehen bzw. hochgradig gefährdet zu sein. Dabei übertrifft die Festigkeit eines Spinnfadens jeden technischen Kunststoff (z. B. Nylon): Die so genannte Reißlänge eines Fadens aus dem Netz der Gartenkreuzspinne beträgt etwa 80 Kilometer, d. h. erst bei dieser Länge reißt der Faden unter seinem Eigengewicht.

Keiner **Fliege** (et)was zu Leide tun

Beachtliche Bandbreite der Toleranz

Eine einzelne Stubenfliege in der Küche oder als notorischer Lampenumkreiser lässt sich ja noch ertragen. In Vielzahl am Küchentisch empfindet man sie allemal als lästig und aus mancherlei hygienischen Gründen als unerwünscht: die Fliegen aus der Insektenordnung der Zweiflügler. Am häufigsten besucht uns die Stubenfliege, die sich in allen häuslichen Räumen gerne aufhält, am liebsten allerdings in der Nähe von Nahrungsmitteln. Ursprünglich stammt sie wohl aus Afrika und hat sich mit dem Menschen über die ganze Erde ausgebreitet. In den nördlicheren Breiten fühlten sich Stubenfliegen wohl erst richtig zu Hause, als man mit Beginn der Eisenzeit – ungefähr 400 v. Chr. – mit der Stallhaltung von Haustieren im Winter begann. Stubenfliegenlarven leben im Dung oder entwickeln sich in Küchenabfällen. Unter günstigen Bedingungen dauert die Entwicklung vom Ei zur fertigen Fliege nur eine Woche. Weil Stubenfliegen Kot, Aas und Abfälle besuchen, mögen wir sie nicht besonders gerne anschließend auf unserem Tellerrand, dem Brot oder der Wurstplatte sitzen sehen. Wer da nicht zur Fliegenpatsche greift, also „keiner Fliege was zu Leide tun kann", ist schon ein extrem friedlicher Zeitgenosse!

Umgekehrt gibt es Menschen, die „sich (schon) über die Fliege an der Wand ärgern", denen jede noch so winzige Kleinigkeit mächtig auf den Senkel geht. Da ist es gewiss von Vorteil, wenn man eventuell sogar „zwei Fliegen mit einer Klappe schlagen" kann. Das bedeutet im übertragenen Sinn, dass es einem gelingt, mit einem einzigen Mittel oder einer einzelnen Handlung einen doppelten Zweck zu erreichen. Was nicht unbedingt heißen muss „du hast dein Recht, und ich meine Ruhe!" Die Redensart ist heute weit verbreitet und in vielen Mundarten bekannt. In Holland sagt man beispielsweise „twee vliegen in een klap slaan". Die niederländische Sprache kennt zur Bezeichnung einer doppelten Gewinn erzielenden, geschickten Handlung eine ganze Reihe weiterer Redewendungen wie „twee Appelen mit eenen Stock afwerfen", „du wilt mit einer Dochter zween Eydam machen" (aus einer Handschrift im 11. Jahrhundert), „zween Füchs in eine höle fahen" oder „zween Brey in einer Pfannen kochen". Dass von den zahlreichen Varianten diejenige mit den Fliegen allein übrig blieb, hängt möglicherweise damit zusammen, dass sie die jüngste war. Gleichzeitig ist sie auch die bildhafteste. Schließlich erfahren wir am häufigsten, wie schwierig es ist, zwei (uns gerade lästige) Fliegen mit einer Fliegenklatsche zu erschlagen. Wer dagegen sieben (Fliegen) mit einem Streich (einer Klappe) schlagen will (kann), ist entweder das tapfere Schneiderlein oder ein Prahlhans. Aus diesem thematischen Kontext hat der unübertroffene Georg Christoph Lichtenberg einen wunderbaren Aphorismus beigesteuert: „Die Fliege, die nicht getroffen werden möchte, setzt sich am besten auf die Fliegenklappe selbst".

Die **Flöhe** husten hören

Die Relevanz der feinsten Wahrnehmungen

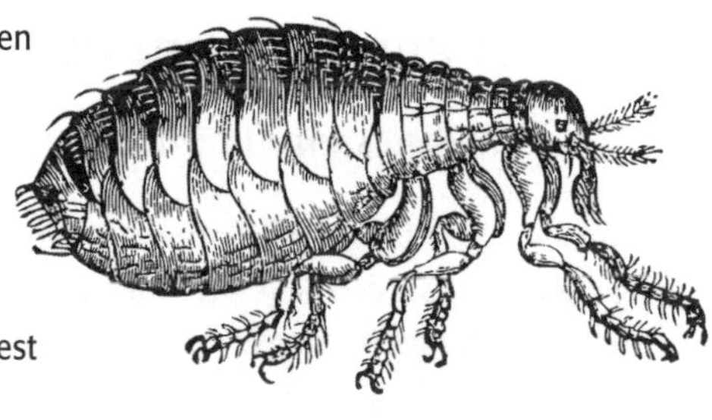

Mit Ausnahme eines freiwilligen Besuchs im Flohzirkus, halten wir sonst verständlicherweise wenig von diesen Ektoparasiten. Früher zählten sie zur menschlichen „Normalausstattung", egal ob arm oder reich. Sogar am preußischen Hofe galt es durchaus nicht als unschicklich, den feinen Damen mit Hilfe von Lupen („Flohgläsern") einen ihrer frisch gefangenen Besatzer vorzuführen. Heute kommen wir zumindest in unseren Breiten mit Flöhen nur noch über die Haustiere Hund, Katze und Schwein in Kontakt. Als sie noch allgegenwärtig waren, entstand auch die Redensart „die Flöhe husten hören" zur Umschreibung überkluger, äußerst spitzfindiger und misstrauischer Menschen. So liest man beispielsweise in Abraham a Sancta Claras (1644–1709) „Todten-Capelle": „Er hört das Gras in den Elisischen Feldern wachsen, und die schwindsüchtigen Flöh, in Seraglio zu Constantinopel, biß auf Paris, husten." Noch etwas derber pflegt man es bis heute im main- bzw. moselfränkischen Dialekt: „Er hert de Fleh am helle Dag furze." Daneben gibt es Aufgaben, die „schlimmer" sind, als „einen Sack Flöhe zu hüten". Sebastian Franck (1499–1542) fand beispielsweise schon im 16. Jahrhundert, dass „Weiber hüten" mindestens so schlimm sei wie „einer wannen vol flöh hüten". Hat sich daran bis heute Wesentliches geändert?

Ein **Heimchen** am Herd

Heimlich, still und unauffällig

Entspricht die treusorgende Haus- und Ehefrau, die außer ihrer Familie keine anderen Interessen hat, tatsächlich dem aktuellen Wunschbild? Eigentlich ist mit dem Heimchen aber ein Glück bringender Hausgeist gemeint, dem Charles Dickens (1812–1870) in seiner netten Weihnachtserzählung „Cricket on the hearth" (1846) ein beachtliches literarisches Denkmal setzte. *Acheta domesticus* heißt es in echt und wissenschaftlich korrekt, das bis zu zwei Zentimeter lange, zur Familie der Grillen zählende Heimchen. Vorwiegend Häuser, im Sommer auch Müllplätze, sind seine beliebtesten Aufenthaltsorte. Und wenn wir's uns noch mal recht überlegen: Hätte nicht manchmal doch ein zweibeiniges Heimchen am häuslichen Herd so seine Vorteile? Natürlich sollte es uns, bei aller Häuslichkeit, auch erotisch ansprechen. So sind sie halt, nicht die Heimchen, aber die Männer.

Wilde **Hummeln**

Ausgelassen unterwegs

Nicht die bunt behaarten Bienenverwandten sind damit gemeint, die bei den ersten warmen Sonnenstrahlen uns als tief brummende Frühlingsboten begegnen, wenn sie die Krokusblüten besuchen und sich an Weidenkätzchen zu schaffen machen. Die Redensart kennzeichnet vielmehr ausgelassen umherschwärmende Mädchen und jüngere Frauen als die wahren „wilden Hummeln". So beschreibt Wilhelm Hauff (1802–1827) im Jahre 1825: „Das Haar, das … der wilden Hummel in unordentlichen Strähnen um den Kopf flog". Noch früher, nämlich 1729, machte man auf den Schlendrian mancher Mägde mit der Feststellung aufmerksam: „… solche junge wilden wüsten Hummeln".

Einige – darunter auch jüngere Männer – können nicht einmal ruhig sitzen, weil sie „Hummeln im Hintern" haben, was schon Martin Luther (1483–1546) wusste: „Er hat Hummeln ym arse!"

Die **Krätze** an den Hals ärgern

Der Ärger wird zum Hautproblem

Gleich zwei verschiedene Bilder verstecken sich in dieser neuerdings wieder auflebenden Redensart: Die – durchaus nicht auf die Halsregion beschränkte – Krätze ist ein Hautproblem, verursacht von der bis zu 0,4 Millimeter großen Krätzmilbe. Die parasitisch lebenden Tiere durchtunneln die Hornschicht der Haut an meist wenig behaarten Stellen. Befallen sie dagegen auch stärker behaarte Partien, spricht man nicht mehr von Krätze, sondern von Räude, fallweise hervorgerufen von anderen Milbenarten. „Du räudiger Hund!" ist ein kräftiges Schimpfwort, das seine Wirkung meist nicht verfehlt. Von der Krätzmilbe befallene Hautstellen können sich durch Infektionen entzünden und dann ähnlich aussehen wie die auch durch Ärger, psychischen Stress oder vergleichbare seelische Belastungen ausgelöste Neurodermitis.

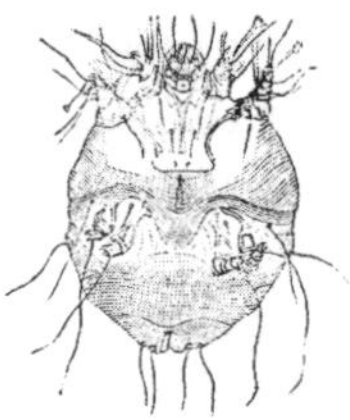

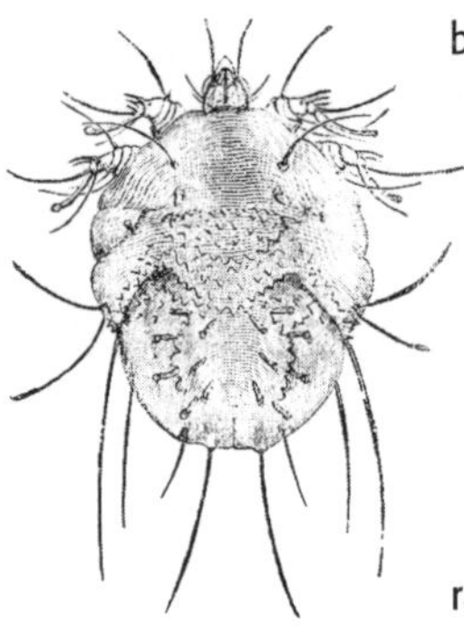

Das zweite Bild betrifft die sprichwörtliche Lokalisation: „Etwas am Hals haben" meint hier keine direkte Halserkrankung, wie eine Mandelentzündung (Tonsillitis), sondern ein unangenehmes oder lästiges Problem. In der Jugendsprache wird die Redensart – wohl auch wegen des unüberhörbaren Stabreimes – verkürzt auf „Ich krieg' die Krätze" als Ausdruck von Verwunderung, Überraschung oder Erstaunen.

Wenn die **Laus** über die Leber läuft

Schlechte Laune haben

Als Lästling bzw. Parasit hatte die früher viel weiter verbreitete Kopf- oder Kleiderlaus noch nie eine besondere Fangemeinde, sondern diente immer als Begriff des Nichtigen und Verächtlichen, so auch in Wortbildungen wie Lauselümmel oder Läusenest für eine Kleinstadt oder Redensarten wie „zerquetschen wie eine Laus".

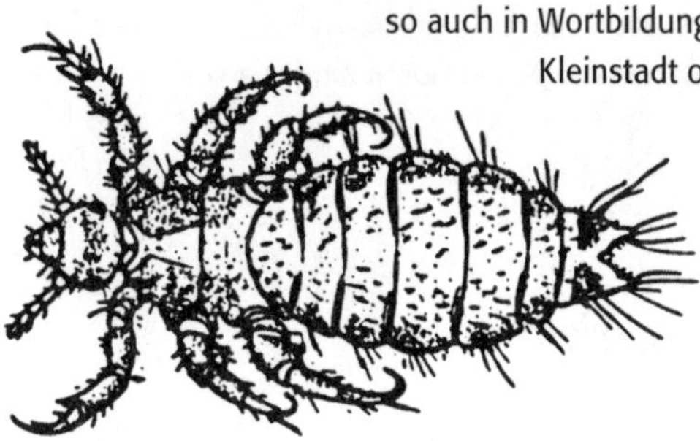

Wenn jemandem eine Laus über die Leber lief, hat er sich wohl mächtig geärgert oder ist erbost. Darin lebt die volkstümliche Vorstellung fort, die Leber sei der Ort der Emotionen, wie sie auch in anderen Wendungen anklingt: „frisch von der Leber weg sprechen" oder „das frisst mir an der Leber". Die Laus, die über die Leber läuft – was anatomisch kaum möglich ist – steht lediglich für den nichtigen Anlass oder minimalen Auslöser eines Ärgernisses, und außerdem ergibt sie einen wunderschönen Stabreim.

Eine **Laus** in den Pelz setzen

Jemanden kräftig ärgern

Zwei Arten der eng miteinander verwandten Primatenläuse (vgl. „Mich laust der Affe", S. 110) leben am Menschen, die Filz- oder Schamlaus und die Menschenlaus. Letztere tritt in zwei Rassen auf: Die drei bis vier Millimeter lange Kopflaus lebt vor allem am Haupthaar und saugt dreimal am Tag etwa zehn Minuten lang Blut. Seit der Steinzeit, die großenteils in die Kaltzeiten fiel und den Menschen zwang, sich eine wärmende Fellkleidung zuzulegen, entwickelte sich die etwas größere Kleiderlaus. Der unangenehm juckende Läusestich an sich ist nicht gefährlich. Jedoch können vor allem die Kleiderläuse gefährliche bakterielle Krankheitserreger übertragen.

Läuse sind also unangenehme Plagegeister. „Jemandem eine Laus in den Pelz setzen" bedeutet demnach, ihm mächtig Ärger zu machen. Dies ist allerdings nicht die ursprüngliche Aussage der Wendung. Weil Läuse (und Flöhe) bis weit in die Neuzeit selbst in vornehmsten Kreisen etwas weitgehend Normales waren, galt die zusätzlich importierte Laus als höchst überflüssig und unnötig. Der ältere Sinn ist demnach gleichbedeutend mit „Eulen nach Athen tragen".

Wie die **Made** im Speck

Leben vom Überfluss

Maden sitzen im Speck genau richtig. Sie haben dort alles, was sie brauchen: Fressen im Überfluss. Wenn wir wie eine Made im Speck sitzen, haben wir, eventuell ohne besonderes eigenes Dazutun, einen Platz oder eine Situation gefunden, wo wir es uns richtig gut gehen lassen. In Frankreich ist es übrigens nicht die Made im Speck, sondern die Ratte, die im Käse sitzt und sich's dort genauso gut gehen lässt: „être comme un rat dans un fromage".

Etwas **madig** machen

Eine Sache vermiesen

Wenn aus den Tüten im Küchenschrank unverkennbar die weißlichen Larven der Mehlmotte rieseln oder hier andere Entwicklungsstadien von Vorratsschädlingen ihr Unwesen treiben, kommt keine rechte Freude auf, und die Grenze der Toleranz ist sehr nahe. Die Diagnose ist klar – es steckt unverkennbar der Wurm drin, obwohl es der Made im Speck eventuell äußerst prächtig geht. Die bürgerliche Biologie unterscheidet nicht trennscharf zwischen Würmern, Maden (den beinlosen Larven von Fliegen) oder Raupen (den mit Füßen ausgestatteten Larven von Motten und Käfern). Wenn ein Lebensmittel bereits erkennbar solche weniger erwünschten Konsumentenkreise erfreute, ist es nicht mehr küchentauglich und gilt somit als verdorben oder wertlos.

„Etwas madig reden" oder „jemandem eine Sache madig machen", geht in die gleiche Richtung, nämlich Entwerten durch Vermiesen. Man kann sich bei seinen Kollegen oder Freunden aber auch selbst madig (= unbeliebt) machen, beispielsweise durch Wichtigtuerei oder Besserwisserei.

Ach, du kriegst die **Motten**

Wie entsetzlich

Landläufig versteht man unter einer Motte einen unscheinbaren, kaum auffälligen Falter mit Spannweiten unter einem Zentimeter. Die in der verwünschenden Redensart üblicherweise gemeinte Spezies ist die in allen gemäßigten und warmen Gebieten vorkommende Kleidermotte. Ernst zu nehmende Schäden verursacht nur die Raupe, denn die löchert unterschieds- und gegebenenfalls erbarmungslos alle aus tierischem Material gefertigten Textilien – neben Wolle und Seide auch Pelz und Federn. Bei ihrem gefräßigen Tun tarnen sich die Raupen in einem Gespinstköcher aus dem Material ihres Futterplatzes, und daher sieht man sie im akuten Befallsfall so gut wie fast nie. Munter umher fliegende Motten sind übrigens fast immer Männchen, während die Weibchen zwar geflügelt, aber ziemlich fluglustig sind. Als Falter nehmen sie alle keine Nahrung mehr auf.

Von Mottenraupen gelöcherte und eventuell wertvolle Textilien sind unbrauchbar. Ursprünglich war die Redensart daher ein recht ernst gemeinter Ausruf des Entsetzens. Die heutige Umgangssprache verwendet sie dagegen eher als etwas spaßigen Ausdruck des Erstaunens.

Die Motte ist darüber hinaus aber auch ein Sinnbild von Unbeständigkeit und Vergänglichkeit. Diese Metapher geht vermutlich zurück auf das Neue Testament (Matthäus 6,19: „Man soll keine Schätze auf Erden sammeln, da die Motten sie zerfressen"). Die Motte, die das Licht umschwärmt und darin schließlich verglüht, ist wohl ähnlich zu verstehen.

Die **Mücke** machen

Auf und davon sein

Die Alltagssprache bezeichnet als Mücke den eher etwas behäbigen, aber lästigen, weil stechenden Blutsauger und als Fliege den Störenfried am Frühstückstisch. Tatsächlich unterscheidet man in der artenreichen Insektenordnung der Zweiflügler die mit langen Fühlern ausgestatteten Mücken und die nur kurze Fühler tragenden Fliegen. In beiden Unterordnungen gibt es jedoch stechende und saugende Typen und in beiden kommen neben langsamen auch sehr rasche Flugkünstler vor, die man nicht so einfach durch Handschlag plätten kann. Manche Leute können sich aber auch über die Mücke oder Fliege an der Wand ärgern. Im Matthäus-Evangelium findet sich das schöne Bild von den Heuchlern, „die Mücken seihen und Kamele verschlucken" (Matthäus 23,24), d. h. Unwichtiges super genau nehmen und Wesentliches einfach unbeachtet lassen.

„Die Mücke (oder Fliege) machen" bezieht sich klar auf die betont reaktionsschnellen Formen, die ganz rasch abschwirren und dann kaum noch zu sehen sind, wenn man sie bei einer unliebsamen Tätigkeit stört. Im modernen Sprachgebrauch steht die Wendung aber auch einfach für einen schnellen Abschied oder Aufbruch ohne großes Begleitritual.

Schmetterlinge im Bauch haben

Unstet sein

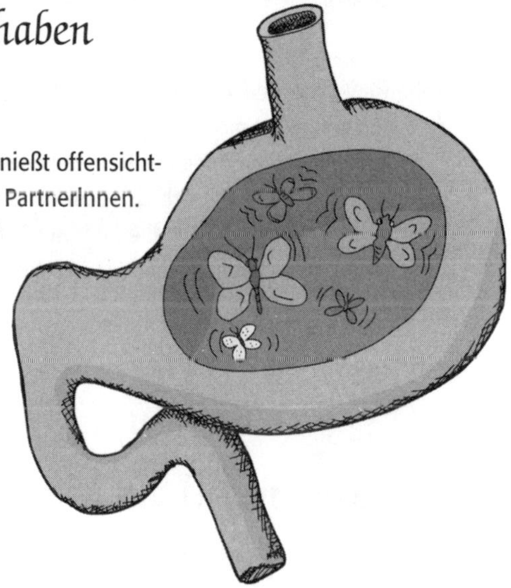

Wer wie ein Schmetterling von Blume zu Blume flattert, genießt offensichtlich die Gunst vieler Frauen durch häufigen Wechsel seiner PartnerInnen. Er ist so treulos und flatterhaft wie das als „Schmetterling" bezeichnete, flatterhafte Mädchen. Sind wir im Vergleich nicht selbst solche Geschöpfe (Schmetterlinge) sondern spüren wir diese in unserem Bauch, haben wir uns ganz einfach heftig verliebt. Das ist, wie wir wissen, ein sehr schönes Gefühl. Und Schmetterlinge sind dafür der passende Vergleich. Schließlich leben diese geflügelten Geschlechtstiere, im Gegensatz zu ihrem vorangegangenen, gefräßigen Raupenstadium, fast ausschließlich für die Lust und die Liebe. Kann denn Liebe Sünde sein?

Jemanden zur **Schnecke** machen

Runterputzen bis zur Erniedrigung

In der zoologischen Systematik gehören die Schnecken zu den so bezeichneten Niederen Tieren, unter die man alle Formen fasst, die nicht zu den Wirbeltieren mit festem Knochenskelett gehören. Beim Blick auf eine Nacktschnecke, die zum Salatbeet unterwegs ist, gewinnt der Begriff eine neue Bedeutung: Der Hobbygärtner unterstellt seinem Konkurrenten natürlich niedere Motive, und besonders hoch ist eine solche Schnecke schließlich auch nicht. Sie lebt zugegebenermaßen auf großem Fuß, denn die gesamte Bauchseite ist ihr Fußorgan. Bei der geringsten Störung zieht sich eine gehäuselose Landschnecke sofort zusammen, und dann schrumpft selbst eine zehn Zentimeter lange Rote Wegschnecke fast auf ein Viertel. Die Arten mit Gehäuse verkriechen sich dagegen komfortabel in ihr tragbares, immer präsentes Eigenheim und sind dann von außen gar nicht mehr zu sehen.

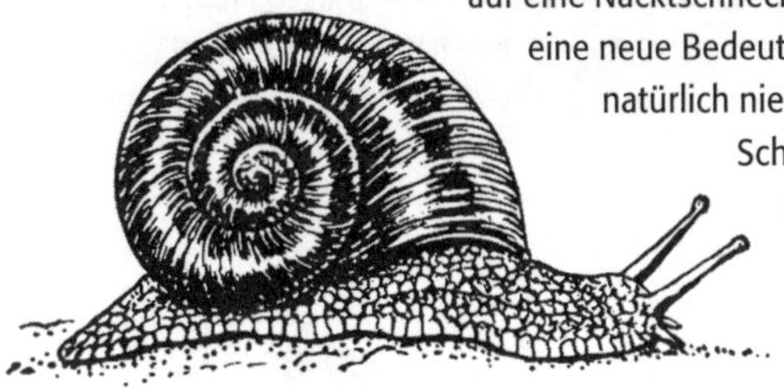

Wer in der Hackordnung des Betriebs oder Vereins (auch in Familien soll es vorkommen) ganz weit unten steht, fristet vermutlich ein recht freudloses Dasein. Wenn man ihm dann von oben auch noch ständig kräftig zusetzt, knickt die oder der Betroffene vollends ein und möchte sich am liebsten ganz verkriechen. Dann hat man sie oder ihn eben erfolgreich, aber bedauerlicherweise, zur Schnecke gemacht.

Spinne(n) am Morgen …

Ungeeignetes Orakel

Seltsamerweise hat die Sympathie für manche Tiere mit der Anzahl von deren Beinen zu tun: Die beinlosen Schlangen haben nach verbreiteter Einschätzung ebenso wenig Kuschelqualität wie die achtbeinigen Spinnen. Obwohl Schlangen wie Spinnen tatsächlich ungewöhnlich interessante Tiergruppen sind, können sich dafür offenbar nur Fachleute so richtig begeistern. Eine Spinne mit ihren langen, zudem meist stark behaarten Beinen und den vielen angeblich drohend dreinblickenden Augenpaaren bedeutet für viele Menschen Horror pur. Insofern mag man ansatzweise verstehen, dass die Spinne am Morgen Kummer und Sorgen auslöst. Meist ist jedoch die eigentlich faszinierende Spinne das Opfer, denn sie endet – völlig ungerechtfertigt – unter dem Pantoffel oder im Staubsauger. Aber warum soll sich diese morgendliche Problembegegnung am Abend in erquickend und labend umkehren?

Völlig klar – im Blick auf eine Spinne macht das Sprichwort beim besten Willen keinen Sinn. Es erklärt sich aber sofort, wenn man es auf die von den Achtbeinern abgeschaute Tätigkeit des Spinnens bezieht. Wer bereits am Morgen am Spinnrad sitzen musste, hatte einen miesen Job am Rande des Existenzminimums, und das bedeutete zweifellos Kummer und Sorgen. Fand man sich dagegen am Abend in der Spinnstube ein, war durchweg fröhliche Geselligkeit angesagt, und die abendliche Arbeit hatte – wie man heute sagen würde – einen hohen „fun factor". Da man sich beim Hantieren mit dem Spinngut so manche Geschichte erzählte und dabei vermutlich dann und wann die Fantasie durchging, erfuhr das Spinnen mit der Zeit einen bemerkenswerten Bedeutungswandel: Die frei erfundene Erzählung ersetzte schließlich die handwerkliche Tätigkeit. „Der spinnt sich wieder etwas zusammen" ist die konsequente Reaktion auf die unglaubwürdige Geschichte eines Spinners. Wer damit die Geduld seiner Mitmenschen überstrapaziert, macht sich eventuell „spinnefeind". Dieser Vergleich beruht darauf, dass bei manchen Spinnenarten die Weibchen den Paarungspartner noch während der Begattung verspeisen.

Stielaugen bekommen

Begehrliche Umschau

Das hat man doch schon einmal erlebt: Kaum ist im Eiscafé der leckere Früchtebecher serviert, bekommen an den Nachbartischen die Kinder – und eventuell auch deren Mütter – richtige Stielaugen. Ähnlich mag der ansehnliche Ausschnitt der Serviererin auf die männlichen Gäste wirken. Betonte Appetitlichkeit erzeugt erfahrungsgemäß neidisch-neugierige oder begehrlich-unersättliche Blicke. Die bekannte Redewendung übertreibt dazu allerdings ein wenig die Möglichkeiten der zugehörigen Augenanatomie, wenn sich ein Gegenüber in deutlich erkennbarer Weise angeknipst fühlt. Die Steigerung dieses Bildes ist gar die Formulierung „ihm fielen fast die Augen aus dem Kopf".

Aus dem Kopf an besondere Stiele ausgelagerte Augen gibt es im Tierreich tatsächlich. Bekannte Beispiele sind die Rote Wegschnecke oder die Weinbergschnecke, deren Augen am Ende einziehbarer Fühler sitzen. Geradezu kurios sind die vor allem in den Tropen verbreiteten Stielaugenfliegen mit ihren kugeligen Komplexaugen auf bizarr verlängerten seitlichen Fortsätzen des Kopfes. In eigenartigen Wettbewerben, die an das Gerangel brünftiger Hirsche erinnern, vergleichen die Fliegenmännchen die Spannweite ihrer Augenstiele, und nur die Rekordverdächtigen dürfen anschließend die besten Balzplätze zum Anlocken der Weibchen besetzen. Schließlich tragen sehr viele Krebstiere ihre beweglichen Komplexaugen auf Stielen, die deutlich über ihren Panzer hinausragen – die Strandkrabbe ebenso wie Taschenkrebs, Languste oder Hummer.

Wie von der **Tarantel** gestochen

Unbeherrscht reagieren

Die Redensart ist weithin bekannt, das ihr zu Grunde liegende Tier deutlich weniger. Die meisten nehmen an, es müsse wohl ein schmerzhaft zulangender Angreifer aus der Verwandtschaft der Wespen und Hornissen sein. Wer dagegen die Tarantel bei den Spinnen einordnet, liegt absolut richtig – nicht jedoch mit der verbreiteten Einschätzung, es handele sich dabei um eine der gefährlichsten Giftspinnen überhaupt. Gewiss: Man spürt es natürlich, wenn sie ihre Giftklauen in die Haut versenkt, aber gefährlich oder auch nur kritisch ist diese Attacke keineswegs. Diese Einschränkung macht die Spinne allerdings kaum sympathischer. Weithin sind diese Lebewesen – für einen Naturfreund kaum nachvollziehbar – als Ekeltiere verschrieen.

Die nach der süditalienischen Stadt Tarent/Taranto benannten Taranteln sind viel harmloser als ihr schlechter Ruf. Lange Zeit glaubte man, ihr Biss löse den so genannten Tarantismus aus, eine Erkrankung mit nicht selten tödlichem Ausgang. Heute weiß man, dass hinter diesem bedauerlichen Krankheitsbild eine erbliche, stoffliche Fehlsteuerung des zentralen Nervensystems steckt, die zunehmend die Bewegungskoordination beeinträchtigt. Diese Störung des Gehirnstoffwechsels nennt die moderne Medizin Chorea Huntington – populärer ist die frühere volkstümliche Bezeichnung Veitstanz. Im Prinzip erkannte bereits der italienische Arzt und Naturforscher Ulisse Aldrovandi (1522–1605), dass der Tarantelbiss damit nicht in Zusammenhang steht. Vor seiner Zeit war es üblich, die von einer Tarantel Gebissenen, die Tarantolati, mit Geigenspiel und wildem Dauertanzen zu heilen. Diese naive Musiktherapie lebt in der Tarantella fort, der Bezeichnung für süditalienische Tanzlieder.

In ein **Wesp**ennest greifen

Unbedacht Ärger verursachen

Gelber Hintergrund, schwarze Schrift und ein rotes Blitzsymbol: Vorsicht Starkstrom! Die Botschaft wird auch ohne detaillierte Lektüre des Warnschildes sofort erkannt, denn der verwendete Farbcode spricht einfach für sich. Zumindest das kontrastreiche Gelb und Schwarz kennt man schließlich von den

Wespen, deren durchaus schmerzhaften Stichen man gerne aus dem Weg geht. Dabei verhalten sich die Wespen nicht einmal dann besonders angriffslustig, wenn man sie vom Pflaumenkuchen an der Kaffeetafel im Spätsommergarten verscheucht. Die größte heimische Faltenwespenart, die arg verschrieene Hornisse (*Vespa crabro*), ist sogar ausgesprochen gutmütig bis furchtsam, wenn man ihr nicht gerade im engeren Bereich ihres Nestes begegnet. Hier und fast nur hier reagieren alle heimischen Wespenarten bei Störungen verständlicherweise ziemlich aggressiv. Der sprichwörtliche Griff in ein Wespennest ist somit eine Aktion, von der nachdrücklich und ganz dringend abzuraten ist. Bereits bei den Römern war das gefährliche Reizen der Hornissen (*irritare crabrones*) sprichwörtlich. Allein im Anblick eines Wespennestes – übrigens ein geradezu unglaubliches technisches Wunderwerk – in Panik zu geraten und die Feuerwehr mit ihrer kopfstarken Beseitigung zu belästigen, ist in den meisten Fällen völlig unnötig. Wespen sind weitaus nützlicher als gefährlich und friedliche Koexistenz ist selbst im Siedlungsraum möglich.

Außer ihrem mit allen Mitteln verteidigten Nest haben die hübschen Wespen noch ein weiteres Bild zur Umgangssprache beigesteuert – nämlich die Wespentaille. Schon vor fast 5000 Jahren gab es auf Kreta eine Damenmode mit stark eingeschnürter Taille, die die oben und unten anschließenden Rundungen noch betonter hervortreten lässt

Sich winden wie ein **Wurm**

Sag ich nicht

Wer nicht mit der Sprache heraus will, etwas zu verbergen sucht, nichts zugeben will, sich hilflos sträubt und letzten Endes unterwürfig beugt, windet oder krümmt sich wie der Wurm als Lockmittel für Fische an der Angel. Bereits um 1300 schrieb Heinrich von Neustadt in seinem Werk „Apollonius von Tyrland": „Du leydest manigen sturm, das du dich pewegst als ain wurm". Würmer sind nicht gerade beliebte Tiere. Zumal wir einige nicht nur aus der Erde ziehen, wie den Regenwurm für den Angelhaken, sondern andere obligatorisch oder gelegentlich (Band- und Spulwürmer) in uns tragen. Früher glaubte man, dass Krankheitsdämonen in Wurmgestalt eine Reihe von Krankheiten verursachen: etwa Magen-, Leber-, Ohr-, Zahn-, Hirn- oder Herzwürmer. Der versuchsweise heilenden Beschwörung dieser Krankheits-

dämonen diente ein lang praktizierter „Wurmsegen". Selbst im 17. und 18. Jahrhundert traten noch Kurpfuscher auf Jahrmärkten mit der Behauptung auf, sie könnten Schwermütige heilen, indem sie ihnen die Würmer durch die Nase aus dem Gehirn zögen. Davon leitete sich die Redensart „Würmer aus der Nase ziehen" ab, die für langsames Aushorchen von Geheimnissen durch geschicktes Fragen steht. Auch die Redewendung „einen Wurm im Kopf haben" für eine fixe Idee, eine Marotte oder einen Spleen haben, spielt auf den angeblichen Hirnwurm an. Und der Ausdruck „es wurmt mich" für das ärgert, quält oder beunruhigt mich, hat ebenfalls mit unserem Unwohlsein, mit dem vermeintlichen Wurm im Leibe zu tun.

Den Dreh**Wurm** kriegen

Turbulenzen im Kopf

Einen Drehwurm kriegen oder ihn bereits haben, sagt man, wenn man ein paar Dutzend Stufen auf einer engen Wendeltreppe hinter sich hat, eine minutenlange Pirouette auf dem Drehstuhl im Büro vollzieht oder sich von einem Fahrgeschäft auf der Kirmes ordentlich furchwirbeln lässt. Die völlige Überreizung der Bogengänge im Ohr, die dem Gehirn unsere Raumlage melden, führt zu Kreiselsyndrom und Schwindelgefühl, und manchmal reagiert der Magen gleich mit ... Abgeleitet wurde dieser Ausdruck von der weltweit verbreiteten Drehkrankheit (Coenurosis) der Schafe: In ihrem Gehirn kann sich die blasenförmige Finne des Quesenbandwurms festsetzen und nach Verdrängung bzw. Teilzerstörung von Gehirngewebe zwanghafte Drehbewegungen auslösen. Schafe und einige andere Pflanzenfresser sind die betroffenen Zwischenwirte. Die Bandwurmgeneration lebt dagegen im Darm von Hunden und Füchsen, von wo die Eier mit dem Kot nach außen gelangen. Die Infektion der Zwischenwirte erfolgt über die Aufnahme verunreinigter Pflanzen.

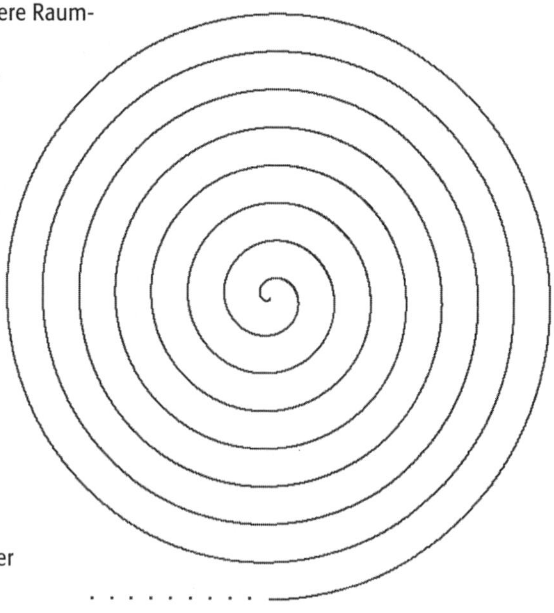

Fische, Lurche und Reptilien – mit niederen Wirbeltieren verbal gut drauf

Es scheint die Menschen von alters her fasziniert zu haben, dass Fische ihre Münder öffnen und schließen, ohne dass dabei ein Ton von ihnen an unser Ohr dringt. Von daher ist „stumm wie ein Fisch", die sprichwörtliche Umschreibung von Schweigsamkeit, eine Redensart, die seit den alten Ägyptern in fast allen Kulturkreisen Verbreitung fand. Erasmus von Rotterdam entwickelte mit dem Ausspruch *„Magis mutus quam pisces"* (= stummer als die Fische) sogar noch eine Steigerungsform. Wobei von den Ägyptern bis zu Erasmus von Rotterdam und später alle anderen einem Irrtum aufgesessen sind. Denn kaum ein Vertreter aus der großen Vielzahl der Fischarten ist wirklich stumm. Während wir Menschen durch den Schalldruck der Luft hören und unter Wasser kaum Geräusche wahrnehmen können, „hören" Fische mithilfe der Schwingungen des Wassers. Es gibt unter ihnen sogar „echte Lautsprecher". Das sind die Knurrhähne, eine Familie bodenbewohnender Fische der tropischen und gemäßigten Meere, die auch in der Nordsee vorkommen. Sie können knarrende bis knurrende Töne hervorbringen, die sich fast so anhören, als fahre man mit einem feuchten Finger über einen prallgefüllten Luftballon. Diese Töne entstehen durch vibrationsartige Muskelkontraktionen der großen, zweikammerigen Schwimmblase, die nicht weniger als die Hälfte der Knurrhahn-Leibeshöhle einnimmt. Dabei vibriert ein perforierter Teil der linken Kammer, wenn Gas hindurchgepresst wird. Offenbar werden dadurch die Schallwellen verstärkt.

Glatt wie ein **Aal**

Einfach unfassbar!

Manche Menschen sind einfach nicht zu fassen. Gerade wenn man glaubt, einen solchen Typen bei seinen Worten, Taten oder der Ehre gepackt zu haben, hat sich der schlaue Mensch schon wieder erfolgreich aus der Situation herausgewunden und ist so gut wie entschlüpft. Diese Fähigkeit wird von den Mitmenschen aber nicht besonders positiv eingestuft. Eher schwingt schon eine deutlich abstoßende Bewunderung für einen so gearteten Menschen mit, der sich schlau und diplomatisch, aber auch raffiniert, listig und durchtrieben, gelegentlich sogar doppelzüngig – eben wie ein Aal mithilfe seiner schleimigen Haut – unserem „Zugriff" entzieht. Dass ein aalglatter Typ sich genauso wenig wie ein Aal festhalten lässt, wussten schon die alten Römer: *„Anguilla est: elabiter"* (= er ist ein Aal: er entwischt) lautete das gängige Sprichwort (Plautus, Pseudolus II, 4). Während Goethe im Faust „durch Drang und Menge aalgleich zu schlupfen" sagen lässt, heißt es heute noch im besten rheinischen Dialekt: „Wie en Aal es er mir durchgewitscht!"

Biologisch betrachtet übernimmt der glitschige Schleimüberzug der Aalhaut wie bei allen Fischen eine wichtige Schutzfunktion. Die Schleimschicht bremst eventuell pathogene Mikroorganismen aus. Erfahrungsgemäß sind Fische mit verletzter Haut besonders anfällig für Infektionen mit Bakterien und Mikropilzen. Zudem hat der Aal die bemerkenswerte Fähigkeit, sich bei seinen Wanderungen zum oder vom Laichgebiet in feuchten Nächten auch außerhalb des Wassers längere Strecken über Land zu bewegen. Auch dann ist die Schleimschicht eine wirksame Vorkehrung gegen die drohende Austrocknung.

Sich **aalen**

Schlängeln, winden, räkeln

Sonne, Sand und Meer, faul sein, die Seele baumeln lassen, sich genüsslich räkeln und strecken – ein wunderbares Bild des perfekten Freizeitgenusses. Das schlängelnd-windende Schwimmverhalten des Aals wird in diesem begrifflichen Vergleich als lustvolle Bewegung interpretiert und so zum „in der Sonne aalen". Ursprünglich steht das „winden wie ein Aal" wohl eher für die Fähigkeit, sich aus einer unangenehmen Situation geschickt herauszuschlängeln, so wie ein Aal sich ohne große Mühe aus unseren Händen entwindet. Bevor er dazu Gelegenheit hat, sollten wir uns dieses außergewöhnliche Tier einmal etwas näher ansehen.

Charakteristisches Merkmal aller Aale ist ihr schlangenähnlicher, seitlich leicht abgeflachter und äußerst geschmeidiger Körper, der sich ideal für das Leben am Boden von Gewässern sowie als Fels- oder Bodenspaltenbewohner eignet. Unser europäischer Flussaal gab den Wissenschaftlern lange Zeit Rätsel auf. Er kommt außerordentlich häufig vor, kann manchmal unter höchst ungünstigen Bedingungen existieren und ist durchaus in der Lage, nächtens auch über Land zu wandern (besser: zu aalen!). Sein größtes Geheimnis behielt er lange Zeit für sich: Wo liegen die Laichplätze des Aals? Denn niemals hatte man ausgewachsene Weibchen gefangen, die Eier im Körper trugen. Schon dem Urvater der Zoologie, dem Naturgelehrten Aristoteles, war dieser Sachverhalt aufgefallen. Wo sie nichts Sicheres wussten, neigten die antiken Naturgelehrten zu plausiblen, aber mitunter kuriosen Erklärungen. Aristoteles (384–322 v. Chr.) glaubte, dass die Aale spontan „aus den Eingeweiden der Erde" herauskommen. Plinius entwickelte eine andere Sicht: Er nahm an, dass die jungen Aale aus den Hautfetzen entstehen, die an scharfen Felskanten hängen bleiben, wenn sich der Aal daran wund reißt. Andere waren der Ansicht, Aale entstünden aus den Schwanzhaaren von Pferden. Noch bis ins 18. Jahrhundert hielt man einen kleinen Silberkäfer für den Aal-Erzeuger. Doch schon Aristoteles hatte zutreffend beobachtet, dass große Aale ins Meer schwammen und kleine Aale zurückkehrten und in den Flüssen aufstiegen. Wie ein Wissenschaftskrimi verlief die weitere Entdeckungsgeschichte der eigenartigen Aal-Biologie: Heute weiß man, dass die Flussaale im Alter von fünf bis zehn Jahren zu Silberaalen werden. Diese ziehen, ihrem Instinkt folgend, ins Meer und werden dort geschlechtsreif. Sie überqueren sowohl von der amerikanischen als auch von der europäischen Küste her den Atlantik, um an bestimmte Orte im Saragossameer zu ziehen. Dort laichen sie in 500 Meter Tiefe und sterben danach. Die aus den Eiern schlüpfenden, wie ein durchsichtiges Weidenblatt aussehenden Larven des Amerikanischen Aalsbrauchen ein Jahr, um vom Laichplatz aus die amerikanische Ostküste zu erreichen. Die Larven unseres Flussaals benötigen sogar drei Jahre für ihre lange Seereise zu ihrer Heimatküste. Dort entwickeln sie sich zu Jungaalen und wandern zum Erreichen der Laichreife flussaufwärts. Aale waren und sind wirklich schwer zu fassen – von ihrer glatten, schleimigen Haut angefangen, über ihr Herausschlängeln bis hin zu ihrem Lebenszyklus, der immer noch einige ungelöste Rätsel birgt.

Flach wie eine **Flunder**

Vom Charme der extravaganten Formen

Aus gastronomischer Perspektive betrachtet sind Flunder, Scholle und Seezunge ausgesprochen praktisch konstruierte Fische. Mit ihrer stark abgeflachten Körperform und der länglichen Kontur sind sie bemerkenswert servierfreundlich, denn sie passen nahezu ideal auf runde wie auf ovale Teller. Evolutions- bzw. entwicklungsbiologisch ist die eigenartige Gestalt jedoch sicherlich nicht küchentechnisch zu motivieren. In diesem Kontext muss man wohl gänzlich andere Aspekte berücksichtigen.

In vielen Verwandtschaftsgruppen der Fische – im Süßwasser ebenso wie im Lebensraum Meer – gibt es Arten, die von vorne oder hinten betrachtet erstaunlich schlank und beinahe scheibenförmig aussehen. Sie sind, wie die Fischfachleute sagen, lateral abgeflacht. Zu diesen Gestalttypen gehören beispielsweise die hochrückigen Brassen. Bei anderen Fischen, wie bei den Groppen und Knurrhähnen, findet man dagegen eine betont dorsoventrale (von der Rücken- zur Bauchseite) angelegte Abflachung und damit eher breitoval bis dreieckige Körperquerschnitte. Solche Fische sind offenbar optimal für den Aufenthalt in Bauchlage am Gewässergrund konstruiert, und tatsächlich zeigen die meisten bevorzugt an Grund und Boden lebenden Fischarten exakt diese Gestaltgebung.

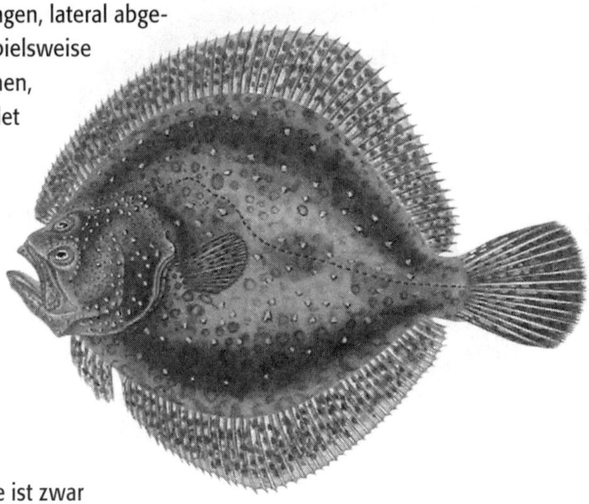

Und die sprichwörtlich flache Flunder? Sie ist zwar seitlich stark zusammengedrückt wie ein Scheibenfisch, lebt aber dennoch überwiegend am Meeresboden und liegt dabei auf der Seite. Die treffenderweise auch so bezeichneten Plattfische ruhen also, wenn sie nicht gerade bei Dunkelheit zur Nahrungssuche unterwegs sind, in stabiler Seitenlage. Als Larven sehen sie eigentlich noch völlig normal aus und schwimmen gleichsam hochkant im Freiwasser. Erst wenn die anfangs nur 3 mm lange Larve auf etwa 1 cm Länge herangewachsen ist, setzt eine höchst eigenartige körperliche Umwandlung ein: Das linke Auge wandert über die Stirn bis gerade über die Scheitellinie auf die rechte Kopfflanke, wobei auch einige Umkonstruktionen der noch weichen Schädelknochen erfolgen. Schon mit Beginn dieser Umwandlung beginnen die Jungfische in Seitenlage zu schwimmen. Flundern sind also als fortgeschrittene Jungfische und im Erwachsenenalter ebenso wie ihre nahen Verwandten Heilbutt, Kliesche und Scholle rechtsäugige Plattfische, die nach dem Übergang zum Bodenleben auf der linken Körperseite liegen.

Nach Abschluss der Augenwanderung und sonstigen Umgestaltungen unterscheiden sich die beiden Körperflanken auch farblich: Die neue Unterseite (ursprünglich die linke Flanke) bleibt weißlich und heißt jetzt Blindseite, während die Ober- oder Augenseite allmählich die aktiv-variable Pigmentierung und sonstige Gestaltmerkmale, wie Knochenhöcker, annimmt. Die inneren Organe bleiben, von der Rückbildung der Schwimmblase abgesehen, von diesen körperlichen Umbauten völlig unbeeinflusst.

Eigenartigerweise findet sich nun neben den rechtsäugigen bzw. linksliegenden Individuen (Rechtsflundern) immer auch ein gewisser Anteil linksäugiger und konsequenterweise auf der rechten Körperseite liegender Exemplare (Linksflundern). Im großen Verbreitungsgebiet dieser Art nimmt der Anteil der Linksflundern nach Westen und Norden zu. Im Schwarzen Meer sind es nur etwa 2 %, in der Nord- und Ostsee aber schon etwa 20 % und in der Barentsee sogar bis über 50 %. Die Steinbutte, zu denen auch Glattbutt und Zwergbutt gehören, sind konsequent und ausnahmslos linksäugig. Falls also nächstens ein Plattfisch auf dem Menüvorschlag erscheint, bietet sich vor oder nach dem Servieren ein kleiner Exkurs zum Thema Fischmorphologie mit tiefsinniger Betrachtung zur Frage des Symmetriebruchs in der Fischgestalt an.

Die meisten Plattfische leben räuberisch am Meeresgrund und setzen dabei ganz auf ihre gute Tarnung, indem sie den Körper fast völlig mit Sand bedecken oder sich durch Wechseln ihrer Körperfarbe dem Untergrund anpassen. Es gibt Arten, die sogar auf ihrer Oberseite ein verblüffendes Schwarz-Weiß-Muster bilden können, wenn man sie auf ein Schachbrett legt.

Womit wir bei Brett wären. Die Flunder wandert als eine der wenigen Plattfischarten zur Nahrungssuche sogar kilometerweit Flüsse hinauf. Schon manch ein Flussangler war platt, wenn er unvermutet eine Flunder am Angelhaken zappeln hatte, und das bis zu 70 Kilometer von der Meeresküste entfernt. Wobei „platt wie eine Flunder" nicht vom überraschenden Anglerglück herzuleiten, sondern im übertragenen Sinne zu verstehen ist. Die Redensart ist eine nicht gerade charmante Umschreibung für eine (junge) Frau mit vorne oben und hinten in der Mitte so gut wie nichts. Für eine solch hagere Gestalt wird auch noch der redensartliche Vergleich „platt wie ein Bügelbrett" gebraucht, der sein Gegenstück im französischen „plat comme un planche à repasser" findet.

Ein **Frosch** im Hals

Probleme mit der Artikulation

„To have a frog in the throat" oder er/sie ist „froggy" (= heiser) pflegen die Engländer zu sagen. Diese weit verbreitete Redensart, die auch dann Verwendung findet, wenn ein Bläser seinem Instrument einen falschen Ton entlockt, hat wohl einen medizinischen Hintergrund. „Ranula" ist ein medizinischer Fachausdruck für eine Geschwulst im Hals oder an der Zunge. Da ist der Weg nicht weit zu den Ranidae, der Familie der Echten Frösche bzw. zur Gattung *Rana*, die bei uns vom Grasfrosch über den Springfrosch bis hin zum Moorfrosch vertreten ist. Manchmal sitzt einem nicht ein Frosch, sondern eine Kröte im Hals, die man auch noch schlucken muss.

Weniger gut kommt bei seinen Mitmenschen ein eingebildeter, hochmütiger Zeitgenosse an, der sich „aufbläst wie ein Frosch". Als Ursprung dieser Redensart gilt eine Fabel des Phaedrus (ca. 15 v. Chr. – 50 n. Chr.). Sie erzählt von einem Frosch, der einen weidenden Ochsen um seine schöne Gestalt beneidete. Also fing der Frosch an, sich aufzublasen, bis er schließlich zerplatzte. Manchen Menschen sieht man solche Übungen schon von weitem an, allerdings ohne das finale Ergebnis, das der Frosch in der Fabel damit erzielte.

Sei kein **Frosch**!

Aufmunterung zu mehr Wagnis

Trau Dir mehr zu, will man uns mit diesem aufmunternden Zuruf sagen, wenn wir in einer Situation ängstlich sind oder uns gerade zieren. Ob diese Redensart wohl etwas mit dem Märchen der Gebrüder Grimm vom „Froschkönig" zu tun hat? In dieser Geschichte, die in unterschiedlichen Variationen rund um die Erde erzählt wird, verwandelt eine Hexe den Prinzen in einen Frosch. Grund dafür war wohl, dass er ihr nicht gefügig sein wollte, also von Hause aus schon ein Frosch war. Erst durch die Zuneigung einer jungen Frau (= Jungfrau) wird der Prinz von seinem Schicksal erlöst. Kröten und Frösche, in alten Geschichten oft synonym verwendet, trugen in allen Zeiten und in allen Kulturen zur Entstehung von zahlreichen Märchen, Mythen, Geschichten und Bräuchen bei. Sie waren nicht nur in Europa Symboltiere für Wasser, Leben und Fruchtbarkeit. Ihre hohe Fortpflanzungsrate, das Auf- und Untertauchen im Wasser, das Verschwinden im Winter und vor allen Dingen die Möglichkeit, sich vom Kiemen- zum Lungenatmer zu verwandeln, gaben dazu jede Menge Anlass. Hinzu kommt, dass die Frösche mit ihren langen Hinterbeinen jederzeit auf dem Sprung sind, um sich bei Gefahr möglichst schnell ins Wasser zu retten. Stell dich der Situation und tauch' nicht einfach ab, renn' nicht weg, Du kannst es ja, sei eben kein Frosch, ist unsere (hoffentlich immer) gutgemeinte Aufmunterung an eine bekannte Person.

Der **Hecht** im Karpfenteich

Verdeckte Feindschaft

Regungslos steht der lang gestreckte Hecht zwischen den Unterwasserpflanzen. An seinem langen Kopf sitzen große, mit Zähnen bewaffnete Kiefer. Die weit hinten am Körper stehenden Rücken- und Afterflossen sind für Lauerjäger unter den Fischen, die aus der Ruheposition heraus plötzlich nach ihrer Beute vorschnellen können, charakteristisch. Der gelbgrün gesprenkelte Hecht hebt sich durch seine nahezu perfekte Tarnung gegen den pflanzlichen Hintergrund kaum ab. Nur sanfte Flossenbewegungen deuten sein langsames Näherrücken an die Beute, einen Karpfen, an. Schließlich packt der Hecht nach einem unglaublich schnellen Vorwärtsstoß sein bis dahin ahnungsloses Opfer seitlich mit den Kiefern, bringt den kleinen Karpfen in die richtige Lage und verschlingt ihn. Wenn wir die Jagdtechnik des Hechtes mit der Redensart sprichwörtlich nehmen, stimmen beide nicht besonders gut überein. Nach diesem Bild spielt ein Mensch (Hecht) eine aufrüttelnde Führungsrolle (ein „toller Hecht") innerhalb einer trägen Masse (Karpfen). Im Jahre 1867 bildete ein politisch-satirisches Witzblatt Otto von Bismarck (1815–1898) als „Hecht im europäischen Karpfenteich" ab.

In Wahrheit verhält sich ein Hecht äußerst unauffällig, auf seine Chance lauernd, um diese blitzschnell und ohne jede Vorwarnung wahrzunehmen. Dennoch hat die Vorstellung von einem Tier/einer Persönlichkeit, das/die andere durch Hin- und Herjagen nicht träge und fett werden lässt, etwas. Nur eine solcherart vorgenommene Rollenverteilung findet sich eher im sportlichen Bereich zwischen Trainer und zu Trainierenden. Der Hecht im Karpfenteich will aber seine Karpfen nicht trainieren, sondern einfach nur fressen.

Ein toller **Hecht**

Bewundert, aber nicht unkritisch

Ein „alter oder toller Hecht" ist ein Draufgänger, Lebemann, Schürzenjäger oder Weiberheld – und manchmal auch alles auf einmal. Vielleicht spielt bei diesem Vergleich der verbreitete Volksglaube an die Langlebigkeit und andauernde Geschlechtskraft des Hechtes eine Rolle. Beide unterstellten Attribute treffen so aber nicht zu.

Hier zieht es wie **Hecht**suppe

Unangenehme Zugluft

„Hier zieht es wie Hechtsuppe" wird ausgerufen, wenn ein unangenehmer, kalter Luftzug durch die Räume weht. Ob die Redensart vom angeblich langen Ziehen der Fischsuppe oder eher vom jiddischen *hech supha* (= wie eine Windsbraut bzw. ein Sturmwind) herrührt, bleibt Geschmackssache wie die Hechtsuppe selber. Von einem „Hecht" im Zimmer spricht man dagegen, wenn ein ganzer Raum von dickem Tabaksqualm erfüllt ist. Studenten haben diesen Ausdruck salonfähig gemacht.

Krokodiltränen vergießen

Scheinheilige Vortäuschung

„Das fürchterliche Tier, das Krokodil genannt,
wohnt in Ägypten bei des Niles Strand.
Bevor es wirklich frisst die heiß ersehnte Beute,
tut es nach außen so, als ob's die Tat bereute,
lässt heiße Tränen aus den falschen Augen dringen
und hat doch nur im Sinn, zu töten und zu schlingen".

So heißt es in einer englischen Satire aus dem 16. Jahrhundert. Doch die Sage vom weinenden bzw. heulenden Krokodil ist noch älter und taucht schon Anfang des 13. Jahrhunderts in Mitteleuropa auf. Sie wurde vielleicht von den räuberischen, weiblichen Windgeistern, den Harpyien, aus der griechischen Mythologie auf das Krokodil übertragen und dann zur Zeit der Kreuzzüge als Wundererzählung weit verbreitet. Die Verwendung der Redensart von den Krokodilstränen als vorgetäuschte, falsche Rührung kam im 15. Jahrhundert auf. Krokodilen liegen irgendwelche Rührungen beim Beutemachen völlig fern.

Und dennoch gibt es die echten Krokodilstränen. Zum Feuchthalten des Krokodilauges dient auch die Hader'sche Drüse in den Oberlippen. Reptilienforscher haben an Alligatoren beobachten können, dass diesen Panzerechsen durch die Anstrengung beim Herunterwürgen viel zu großer Bissen das Sekret aus den Hader'schen Drüsen als Krokodilstränen aus den Augen läuft. Und selbst Weinlaute sind Krokodilen nicht fremd. Sie kommen aus den Eiern: Junge signalisieren durch dem Weinen ähnliche Quäktöne ihrer am Gelege Wache haltenden Mutter, dass sie in ein bis zwei Tagen schlüpfen werden.

Im Übrigen sind die Krokodilstränen für tropische Schmetterlinge und andere Insekten eine wichtige Zusatzkost: Sie trinken das Sekret und bessern damit ihre Mineralstoffversorgung auf.

Die **Kröte** schlucken müssen

Das ist fast unzumutbar

steht für etwas sehr Unangenehmes, das wir aber nicht abwenden können, sondern einfach hinzunehmen haben. Weite Verbreitung findet die Redensart heute in der Politik. Während in Wahlkampfzeiten die Wähler noch mit vielfältigen Versprechungen umworben werden, müssen diese meist kurze Zeit nach einer Regierungsbildung „eine Kröte nach der anderen schlucken".

Auch die tierischen Vorbilder dürften mit ihren Giftdrüsen in der Haut ebenso wenig schmackhaft sein und zu ähnlichen Schluckbeschwerden bei möglichen Feinden führen wie bei uns Steuererhöhungen, Arbeitszeitverlängerungen oder Subventions- und Sozialabbau.

Sitzen wie die Öl**Sardinen**

Es ist ziemlich eng

Heringen, Sprotten und Sardinen ist gemeinsam, dass sie als eng beieinander schwimmende Schwarmfische im freien Wasser nahe der Küste oder in der Hochsee leben und so als Abbild ihrer Lebensweise bzw. sogar noch enger gepackt als Dosenware in Öl enden: geräuchert oder mariniert, aber auf jeden Fall extrem eng gepackt, denn die bemerkenswert schlanke Fischgestalt ermöglicht zur Freude der Verpackungslogistiker ein geradezu optimales Verhältnis von Dosenvolumen zu Doseninhalt. Die nahezu lückenlos in der charakteristisch flachen Konservendose liegenden Fische gaben das direkte Modell zum Bild vom äußerst beengten Aufenthalt im überfüllten Raum – beispielsweise 300 Studenten in einem Hörsaal für 120, die Weltrekordinhaber (27 Japaner) beim Befüllen einer Telefonzelle oder die Besucher eines Popkonzertes direkt vor der Bühne. Nachträgliche Positionsveränderungen, beispielsweise durch Umfallen, sind hier schlicht unmöglich.

Eine **Schlange** am Busen nähren

Gut gemeint, aber herb enttäuscht

Seit dem Altertum kennt man die Redensart von der Schlange, die am Busen genährt wird. Sie versinnbildlicht eine gute Tat oder steht für das Vertrauen in einen Freund/eine Freundin, der/die sich aber später als undankbar, verräterisch oder sogar als gefährlicher Widersacher entpuppt. Möglicherweise spielte beim Entstehen der Redensart auch Kleopatra (69–30 v. Chr.) eine tragende Rolle, die sich als berühmte und offenbar äußerst hübsche Selbstmörderin von einer Giftschlange in den Busen beißen ließ. Nachdem das Beißen auch an „Aussaugen" oder „Nähren" erinnert, finden sich Darstellungen von Schlangensäugerinnen auch im kirchlichen Mittelalter, vielleicht ein Nachklang zur antiken Darstellung der eine Schlange nährenden Erdmutter Terra. In der christlichen Symbollehre ist die Schlange auch die Versuchung zum Bösen und somit der geistliche Tod des Menschen. Die Ausdrücke „falsche Natter", „falsche Schlange" oder „Giftschlange" für verführerische, aber bösartige Frauen, sind von diesen christlichen Vorstellungen gar nicht so weit entfernt. Darin wirkt sicherlich auch das Vorspiel zum ersten Sündenfall nach: Die listige Schlange verführt zunächst Eva verbal mit munteren Verheißungen zum Biss in die verbotene Frucht, und Adam konnte dem dargebotenen Apfel auch nicht so recht widerstehen.

Käuze und andere schräge Vögel – die Gefiederten sprichwörtlich

An Schimpfwörtern für (meist jüngere) „dumme" oder geschwätzige Frauen mangelt es der üblichen Umgangssprache gewiss nicht. Das Attribut „Du dumme Gans" ist sogar eines der meistgebrauchten. Den Hintergrund dazu bildet wohl das für die meisten von uns – bis auf Selma Lagerlöf (1858–1940) in *Nils Holgerson* oder Gänseverhaltensforscher wie Konrad Lorenz (1903–1989) – unverständliche Geschnatter von Wild- und Hausgänsen.

Gerade diese Neigung zum lautstarken Geschnatter haben die Gänse schon in der römischen Antike berühmt gemacht. Auf dem römischen Kapitol hielt man zu Ehren der Göttin Juno eine ansehnliche Gänseschar. Sie warnten nächtens die eingeschlossenen Römer 387 v. Chr. vor einem Sturmangriff der belagernden Gallier. Das hatte immerhin zur Folge, dass die wachsamen kapitolinischen Tiere fortan bis zur Aufhebung des Jupiterkultes 388 n. Chr., also immerhin fast 800 Jahre lang, über zahllose Generationen gehegt und gepflegt wurden, um alljährlich am Jahrestag ihrer Rettungstat von den Römern auf Sänften und reich geschmückt in einer Prozession durch Rom getragen zu werden. Lediglich die übergewichtigen, seit langem domestizierten Hausgänse, deren Leben zwar einfacher als das ihrer wilden Verwandten ist, deren Fitness und Sinnesschärfe, das Los aller Haustiere, aber sicher mit fortschreitender „Verhausschweinung" eingebüßt haben, könnte man als „dumme" Gänse ansehen, wenn sie in ihrem Watschelgang, den Bauch fast am Boden schleifend, schnatternd daherkommen.

Das war wohl wieder eine (Zeitungs-)**Ente**

Einfach nicht alles ernst nehmen

Man darf der ernst zu nehmenden Presse, die sich als Gewissen der Nation versteht, gewiss unterstellen, eine verlässliche Nachrichtenethik zu praktizieren. Dennoch kann es auch außerhalb vom 1. April vorkommen, dass eine nicht ganz wasserdichte Meldung ins Blatt gelangt. Aufmerksame Leser werden sie registrieren, die Stirn in Falten legen und die unglaubwürdige oder gar falsche Nachricht als Ente bezeichnen. Die Herkunft dieses buchstäblich geflügelten Begriffs lässt sich auf verschiedene Weise erklären. In Frankreich gab es bereits im 17. Jahrhundert die Redensart „vendre un canard à moitié", nur eine halbe Ente statt einer kompletten zu verkaufen und damit betrügerisch zu handeln. In der Folgezeit ließ man den Zusatz „à moitié" (= nur zur Hälfte) einfach weg, womit sich der gemeinte Bedeutungsinhalt Lüge, Betrug bzw. Täuschung auf „canard" (= Ente) allein übertrug.

Eine andere Erklärung stammt aus dem Tagesgeschäft der Zeitungsredaktionen, denen heute jeden Augenblick neue Nachrichtenlawinen auf den Tisch rollen. Kritische Redakteure, denen ein Sachverhalt unglaubwürdig oder unverbürgt vorkommt und die das Gefühl haben, eine weitere Recherche sei sinnvoll, versehen eine solche Meldung eventuell immer noch mit dem früher üblichen Kürzel „nt" für das lateinische *non testatum* (= unbestätigt), und „nt" hat den gleichen Lautwert wie Ente.

Eulen nach Athen tragen

Irgendwo zwischen nutz- und sinnlos

Wer etwas völlig Überflüssiges, Wirkungsloses, Absurdes oder Widersinniges tut, trägt Eulen nach Athen. Doch woher kommt diese zunächst sehr merkwürdig erscheinende Redensart? Haben Griechen früher tatsächlich Eulen in ihre Hauptstadt getragen? Die Eule ist als Sinnbild der Weisheit Athene beigegeben, der Schutzgöttin Athens. Präziser ist es nicht irgendeine Eule, sondern der Steinkauz mit dem wissenschaftlichen Namen *Athene noctua*, nach der Göttin und seiner nächtlichen Lebensweise benannt. Als

Vogel kluftreicher Felslandschaften war er in Athen um die Akropolis vormals keine Seltenheit. Außerdem prangte diese Eule früher mit ihrem Abbild auf athenischen Münzen (Drachmen), so wie sie heute die Rückseite der griechischen 1-Euro-Münze ziert. Weil man die alten athenischen Drachmen wegen ihres Eulenmotivs kurz als „Eulen" bezeichnete, und es an ihnen in der reichen Stadt Athen offenbar nie mangelte, entstand daraus die Redensart, die ebenso Überflüssiges beschreibt wie etwa „Wasser in den Rhein, die Donau oder ins Meer zu tragen" oder „Bier nach München zu bringen".

Eine **Gänse**haut bekommen

Geradezu haarsträubend

Wenn sich die eigene Haut plötzlich anfühlt wie eine Muskatreibe, meint es das gleiche, wie wenn die Schweizer eine Hühnerhaut kriegen oder die Franzosen Hühnerfleisch bekommen („avoir la chair de poule"). Wenn wir frieren oder uns heftig erschrecken, zieht sich unsere Haut zusammen und löst dabei durch Kontraktion der feinen Hautmuskeln (medizinisch: *musculi erectores pilorum*) eine Vorwölbung der Haarfollikel mit Aufrichten der Haare aus. Im Prinzip ist das ein uraltes Abwehrritual: Unsere Haut richtet dabei – unwillkürlich über das vegetative Nervensystem gesteuert – ein Fell auf, das eigentlich gar nicht mehr vorhanden ist. Dann sieht unsere feinfühlige Fassade einer gerupften Gans oder einem Huhn ziemlich ähnlich. Während das Frieren eher unfreiwillig auftritt, pflegen wir manchmal ganz gewollt eine Gänsehaut – nämlich mit Gruselfilmen, -büchern oder -hörspielen. Auch dann spielen im Unterbewusstsein Abwehrreaktionen eine auslösende Rolle.

Im **Gänse**marsch

Klare Linie

Wunderbar auf Geradeauskurs gehen die Jungtiere von Gänsen und Enten gerne dicht hintereinander in Kiellinie ihrer Eltern oder der Mutter. Seit den 1930er Jahren pflegten Leipziger Studenten diese Fortbewegungsart, während bei den Marburger Studenten der Ausdruck „Gänsemarsch" dann nur zutraf, wenn sie hintereinander mit einem Bein auf dem Bürgersteig, mit dem anderen auf der Straße im lang-kurz-lang-kurz-Rhythmus schweigend durch die nächtlichen Straßen schritten. Ein bisschen „gösselhaft" unreif, um nicht zu sagen kindisch, wirkt der Gänsemarsch schon, zumal kleinere Kinder oft das größte Vergnügen dabei empfinden.

Hol dich der **Geier**!

Eine wilde Verwünschung

Sein ökologisch notwendiger Job als Aasfresser – und damit als Gesundheitspolizist und Hygienebeauftragter der Natur – hat dem Geier dennoch wenig Ruhm eingebracht. Gleich dem Raben, der ebenfalls Aas verzehrt, hat er mindestens seit dem 15. Jahrhundert seinen schlechten Ruf weg. Wer „Pfui Geier!", „Hol dich der Geier!" oder „Weiß der Geier!" ruft, stößt üble Verwünschungen aus und meint damit eigentlich den Teufel. Der Geier steht dabei nämlich stellvertretend für den Satan, zu dem man zwar manche verwünscht, den man aber nur ungern in den Mund nimmt. Selbst in Landschaften, in denen der Vogel vom direkten Erleben her nicht bekannt war, konnten derartige Verwünschungsformeln vordringen. „Wenn de nuer bin Geier wärscht!", „wünscht" man einem unangenehmen Mitmenschen im Elsass.

Der **Hahn** im Korb

Umschwärmt und begehrt

Zumindest wenn er ehrlich ist, möchte wohl jeder (heterosexuelle) Mann die Zentralposition des stolzen Federviehs einnehmen. Dann wäre er nämlich als einziger in jeder Gesellschaft von Hennen (Frauen) heftig umschwärmt, bewundert und begehrt. Mit Korb kann der ganze Hühnerhof gemeint sein, auf dem der Hahn als einziges männliches Wesen eine wichtige biologische Funktion zu erfüllen hat. Es könnte aber auch der Korb angesprochen sein, in dem die Hühner zum Markt gebracht wurden. Oder es handelt sich um den Korb, in dem die Hähne vor den aus mancherlei Gründen unsäglichen Hahnenkämpfen dem Publikum präsentiert werden; ein „Sport", der heute noch in manchen romanischen Ländern praktiziert wird. Die ältere Form dieser Redensart bei Hans Sachs (1494–1576) und anderen lautet nämlich: „der beste Hahn im Korbe sein". Und das ist ja auch schon was! So sprechen die Niederländer: „Henn denkt, de beste haan in den korf te zijin". Es lebe das Selbstbewusstsein … Verfolgen wir den erotischen Pfad des Hahnes noch etwas weiter, können wir feststellen, dass der „Hahn" auch als vulgärsprachlicher Ausdruck für Penis verwendet wird. Wenn wir den „Korb" als Umschreibung für das Bett ansehen („Husch, husch ins Körbchen!"), dann könnte mit „Hahn im Korb" auch der beste Mann im Bett gemeint sein. Wo dann ein solcher „Haupthahn" (Lover) „den Hahn krähen lässt" (koitiert), sollte er zur Vermeidung weiterer Verwicklungen wenigstens „den (seinen) Hahn rechtzeitig zudrehen" (*Coitus interruptus*).

Heraushörbare Besonderheit der Hähne ist ihr Krähen. Wo ein Dorf ist, zumindest war das früher so, krähen auch die Hähne. So entspricht die Redensart „die Hahne krähen, das Dorf ist nicht mehr weit" dem französischen Ausspruch „revoir le coq de son clocher", die nahe Heimat ist bald wiederzusehen. Umgekehrt sind wir da, „wo kein Hahn kräht" weitab von jeder menschlichen Siedlung. Zu weit vom Dorf abgelegene Felder wurden früher schlecht bewirtschaftet und daher im rheinländischen mit dem Satz „dat Feld huert de Hahn net krihe" bedacht.

Sehr weite Verbreitung hat die Redensart „da kräht kein Hahn (da)nach". Eine solche Begebenheit, Sache oder auch der Mensch selber, ist in diesem Fall äußerst unbedeutend und ohne Interesse für andere. Dann möchte man schon lieber der Hahn im Korb sein.

Dummes **Huhn**

Einfältig bis ungeschickt

Das häufig gebrauchte Schimpfwort für etwas einfältige weibliche Wesen ist zwar einigermaßen harmlos, kommt aber dennoch nicht gut an. Die anderen Attribute, wie armes, blindes, krankes oder verrücktes Huhn, reihen sich in diese Tier-Mensch-Betrachtungen lückenlos ein, manchmal noch, vor allem im Zusammenhang mit krank und arm, mit der Verniedlichungsform „Hühnchen“ verbunden. Umgekehrt wird die männliche Ausgabe des Haushuhns dagegen eher respektvoll mit „stolzer Hahn“ tituliert. Wie immer sind solche Betrachtungsweisen absolut subjektiv. Die nach dem Hund zu den ältesten Haustieren gehörenden Hühner sind seit Jahrtausenden Wegbegleiter des Menschen. Wenn dann im Hühnerhof vor unseren Augen sich Szenen abspielen, bei denen wir teilweise an menschliche Verhaltensweisen erinnert werden, könnte sich schon mal der Eindruck von „dummen Hühnern“ aufdrängen, die sich, fernab jeder Emanzipation, einem Hahn unterordnen, um diesem „blind“ zu folgen. „Auch ein blindes Huhn findet manchmal noch ein Korn“ will sagen, dass auch ein wenig gescheiter oder raffinierter Mensch gelegentlich Glück haben kann.

Selbst unser Leben wird mit manchen Utensilien auf dem Hühnerhof verglichen: „Das Leben ist eine Hühnerleiter: kurz und beschissen“ oder „Das Leben gleicht einer Hühnerleiter: man kann vor lauter Mist nicht weiter“. Für die Bekannt- und Beliebtheit des Hühnerhofs sprechen auch folgende Redensarten: „Du läufst herum wie ein Huhn, das nicht weiß, wo es sein Ei hinlegen soll“ oder „herumlaufen wie aufgescheuchte Hühner“. Beide dienen der Umschreibung von planlosem Umherlaufen und Suchen. Schließlich vergleicht man Menschen, die dicht nebeneinander aufgereiht sitzen mit „Hühnern auf der Stange“. Dies gilt besonders für jüngere Menschen weiblichen Geschlechts. Wenn die dann noch hübsch und nett sind, wäre man gerne „Hahn im Korb“ oder auch „toller Hecht“. Letzterer hat allerdings zoologisch gesehen überhaupt nichts im Hühnerstall zu suchen, höchstens als Rest einer Hechtsuppe.

Ein komischer **Kauz**

Seltsam schräger Typ

Fast jeder kennt im engeren oder weiteren Bekanntenkreis einen Menschen, der sich partout nicht in die Gemeinschaft einbringen will, sondern als merkwürdiger Außenseiter zwar etwas belächelt, aber grundsätzlich dennoch geduldet wird. Es war der Steinkauz, der zum Namensgeber für einen solchen, harmlosen Sonderling wurde. *Athene noctua*, so heißt der Steinkauz mit wissenschaftlichem Namen,

galt im alten Griechenland als Vogel der Weisheit und Sinnbild der Göttin Athene. Sein deutscher Name Stein„kauz" leitet sich vom mittelhochdeutschen *küze* ab, was soviel wie „Schreihals" bedeutet. Als ursprünglicher Fels- und in der Zivilisationslandschaft vor allem Gebäudebrüter sucht er traditionell die Nähe zum Menschen, worauf der Name „Stein"kauz hindeutet. Weil er gerne nachts erleuchtete Fenster von Krankenstuben anflog, dort nach Insekten suchte und dabei auch noch seine etwas unheimlichen Rufe ertönen ließ, wurde der Steinkauz im Volksglauben zum Unglücks- und Totenvogel, der mit seinem „kiwit" (= komm mit!), „gug-gu" (= komm zur Ruh!), „wit-wit-wit" (= morche kümst aufs Totebritt!) Todkranke angeblich aufforderte, ihm zu folgen.

Schon im 16. Jahrhundert bezeichnete man menschenscheue Sonderlinge als Käuze. Heute wird der Ausdruck in Verbindung mit dem Adjektiv „komisch" am häufigsten gebraucht. Es gibt aber auch „närrische, drollige, sonderbare, kuriose und merkwürdige Käuze". Daneben kommt noch der „gelehrte Kauz" vor – ein nachdenklicher Grübler und weltabgewandter Theoretiker, der sich am liebsten in seinem Studierzimmer einschließt. Johann Wolfgang von Goethe (1749–1832) lässt dazu seinen Faust in der Szene in Frau Marthens Garten im Blick auf die durchaus problematische Gestalt des Mephisto ausdrücklich feststellen: „Es muss auch solche Käuze geben". Wie recht er hat! Ohne diese, aber auch ohne deren gefiederte Vorbilder, wäre unsere Welt mit Sicherheit ärmer.

Eine **Krähe** hackt der anderen kein Auge aus

Fragwürdige Loyalität

Einer unserer Rabenvögel trägt sein Tun schon im Namen: die Aaskrähe. Sie kommt bei uns in zwei Unterarten vor: der westlichen, komplett schwarzen Rabenkrähe und der östlichen, grauschwarzen Nebelkrähe. Mit dem Kolkraben, dem Größten unter den Singvögeln, wurden früher alle Rabenvögel – Krähen wie Raben – in einen Topf geworfen und im Volksglauben als Verkünder von Krieg und Tod angesehen. Richtig ist, dass Rabenvögel als Aasfresser an bereits tote Tier- und Menschenkörper gehen. Die „Galgen- oder Leichenvögel" stellten sich früher deshalb gerne an Hinrichtungsplätzen oder auf Schlachtfeldern ein, wenn ihnen dort „Futter" geboten wurde. Wobei sie im Gegensatz zu den spezialisierten Greifvögeln mit eher unspezifischen „Werkzeugen" ausgerüstet sind, nämlich grabstockähnlichen Schnäbeln und Lauffüßen. Damit tut man sich schwer beim Öffnen toter Körper und nutzt zum Vordringen zunächst gerne vorhandene Körperöffnungen, so auch die Augen. „Ich wolt, dass dir die kraen die Augen auspflucken", wünschte man gänzlich unfromm jemandem den Tod. Krähen hacken ihrer Nahrung gezielt die Augen aus. Wer als Lebender den treffsicheren Vögeln in die Nähe kommt, kann einen zielsicheren Angriff auf Kopf und Augen aber auch nicht ausschließen. Untereinander wenden die intelligenten Vögel mit hoher Sozialkompetenz dieses Verhalten dagegen nicht an. Zwar kann es bei Streitigkeiten untereinander zu Kopftreffern kommen, wobei die Augen aber kein Angriffsziel sind. Oft wird dagegen als Ausdruck der Zuneigung das Gefieder von Artgenossen „gekrault" und auch an den feinen Federchen am Auge gezupft. Krähen sind dabei sehr behutsam. Sie hacken sich also tatsächlich gegenseitig nicht die Augen aus. Zudem helfen sie sich, ähnlich wie Menschen oder bestimmte Affenarten, gegenseitig bei der Nahrungsbeschaffung. Hackt also eine „Krähe" der anderen kein Auge aus, gehören sie zur gleichen (Berufs-)Gruppe, halten zusammen und unterstützen sich gegenseitig. Wobei der Anschein besteht, dass dieses Verhalten bei bestimmten menschlichen Berufsgruppen besonders verbreitet ist. Hier wäre etwas weniger von einer falsch verstandenen Loyalität und etwas mehr selbstkritischer Umgang mit der Standesgruppe angebracht.

Weiß man dann noch, dass die Krähe als Saatenverzehrer, Kleintierräuber und Galgenvogel einen sehr schlechten Ruf hat, verwundert die Verwendung bei der mangelnden Selbstkritik und Selbstaufklärung innerhalb bestimmter Berufsgruppen wie Ärzte, Polizisten, Juristen, Professoren, Lehrer etc. nicht. Wie die Krähen, tun sich die Angehörigen derselben Berufsgruppen nichts zuleide.

Zum **Kuckuck**!

Weg damit

Dank seines unverwechselbaren, Namen gebenden und heute leider nur noch selten zu vernehmenden Rufs, hat der Kuckuck eine geradezu unglaubliche Volkstümlichkeit erreicht. Man verehrt und bewundert ihn als Frühlingskünder in Liedern und Gedichten, als Glücksbringer und Lebensvogel. Als Vogel des Donnergottes wurde *Cuculus canorus*, der unser einziger heimischer brutparasitierender Vogel ist, als Attribut Donars zum Frühlingsboten, Wettermacher und -propheten, aus dessen Ruf man angeblich Schlüsse ziehen konnte auf die künftige Fruchtbarkeit, das Wetter und die Ernte. Vordergründig könnte man daher annehmen, dass die Redensart „das weiß der Kuckuck" an den

Volksglauben vom wahrsagenden Vogel anknüpft. Allerdings ist Kuckuck auch ein Hehlwort für Teufel. Weil man den Kuckuck eher hört als sieht, meinte man im 16 Jahrhundert, er pflege ein inniges Verhältnis zum Teufel oder sei der Teufel höchstpersönlich. Vielleicht spielte dabei auch noch der Glaube von der Verwandlungsfähigkeit des Kuckucks in den Sperber eine Rolle, denn im Flug sehen sich die beiden sehr ähnlich. Weil der Kuckuck nach dem Sommer nicht mehr zu hören und zu sehen war, und man noch keine Vorstellung von Zugvögeln hatte, war diese Verwandlung in eine ähnlich befiederte Vogelgestalt die plausibelste Erklärung, wenn auch möglicherweise Teufelswerk.

Eine **Meise** (unterm Pony) haben

Bei dem piept's wohl

Wer eine Meise hat, dazu noch unterm Pony, der tickt nach Meinung anderer nicht richtig, der kann nicht recht bei Verstand sein. Was wir in der übrigen Republik als „einen Vogel haben" (s. d.) bezeichnen, ist in Berlin die „Meise unterm Pony".

Nachtigall, ick hör dir trapsen

Den Braten riechen

In original Berliner Dialekt lautet die Redensart „Nachtigall, ick hör dir trapsen" (bzw. trampsen oder loofen) und meint: Ich weiß, was los ist, was dahinter steckt, ich kann den Braten riechen. Erstmals hat Hans Meyer 1878 diese Redensart im „richtigen Berliner" dokumentiert. Sie gehört heute noch zur Berliner Umgangssprache.

Wie aber kommt man als allseits beliebte Meistersängerin zum Trapsen? Wahrscheinlich haben die Berliner einfach die erste Zeile des Liedes „Frau Nachtigall" aus der bekannten Volksliedersammlung „Des Knaben Wunderhorn" von Achim von Arnim und Clemens Brentano (1806–1808) verballhornt oder dies mit der Anfangszeile der zweiten Strophe vermischt. Hier „Frau Nachtigall" zum Nachsingen, Verballhornen oder Mischen:

„Nachtigall, ich hör dich singen,
Das Herz möchte mir im Leib zerspringen;
Komme doch und sag mir bald,
Wie ich mich verhalten soll.
Nachtigall, ich seh dich laufen,
An dem Bächlein tust du saufen,
Du tunkst dein kleines Schnäblein ein,
Meinst es wär der beste Wein."

Stolz wie ein **Pfau**

Hochmütig und eitel

Wo er natürlich vorkommt, nämlich in Indien und auf Sri Lanka, sieht man im Rad schlagenden Pfau ein Abbild der Sterne am Firmament. In Griechenland war er in der Antike durch sein Federkrönchen ein königliches Tier und als ein dem Luftraum zugehöriger Vogel der Himmelsgöttin Hera heilig. Die ersten Christen wiederum wollten in den prächtigen Wandmalereien der Römer, auf denen Luxusgärten, Pfauen und Brunnen dargestellt waren, das Paradies erkennen. So wurde der Pfau zum Sinnbild des ewigen Lebens, der erlösten Seele und der Wiedergeburt. Wobei letzteres sicher durch Plinius beeinflusst ist, in dessen Naturgeschichte der Pfau im Frühling sein Gefieder inklusive Schwanzfedern wieder gewinnt. Erst später wurde dieser königliche Paradiesvogel mit dem Sternbild auf seinem Rad zum Sinnbild für Hochmut und Eitelkeit. Seit dem späten Mittelalter kennt man den redensartlichen Vergleich „sich spreizen wie ein Pfau" („sei gent als die pfawen"), wenn sich jemand betont prunksüchtig zeigt. So bieten sich bei Hans Sachs (1494–1576) dem Fuchs, der auf eine Wallfahrt gehen will, alle möglichen Tiere, einschließlich des Pfaus, als Gefährten an: „Der Fuchs sprach: Ich nem dich nit on, weil du durch dein vergülten schwanz dich heslt rumreich und prechtig ganz, Hoffart und Hochmut stecz nachtrachst, alle ander neben dir verachst". In den bildlichen Darstellungen der Todsünden hat er seinen festen Platz als „superbia", der stolze, eitle Pfau. Die deftigen Bayern haben für einen großtuerischen Menschen mit schlechtem Charakter noch heute den Spruch parat: „Außen wie a Pfau, innen wie a Sau".

Wie ein weißer **Rabe**

Unglaublich auffallen

Außer den einfachen Farbbezeichnungen wie grün, gelb und rot verwendet die gehobene Standardsprache recht gerne farbige Vergleiche aus der Natur, wie etwa im Beispiel von der grünen Wiese mit gelbem Löwenzahn vor blauen Bergen, über die weiße Wolken hinweg ziehen. Daneben gibt es eine Anzahl von Farbadjektiven, die sich ebenfalls von Naturobjekten ableiten, beispielsweise oliv von der Steinfrucht des Ölbaums, orange von der schmackhaften Zitrusfrucht, lila von der französischen Bezeichnung für Flieder oder rosa von der errötenden Rose. Die letzteren Farbangaben sind in der Schreib- und Sprachpraxis absolut stocksteif – man kann sie nämlich beim besten Willen nicht deklinieren: Die rosane Befiederung des Flamingos ist ebenso unzulässig wie die orangene Unterseite einer Gelbbauchunke oder die noch lilaneren Kronblätter der Moschus-Malve. Es muss also schlicht bei der rosa Befiederung, der orange Unterseite und den lila Kronblättern bleiben.

Flieder, Flamingo, Orange und Zitrone sind zugleich Beispiele dafür, dass sich mit bestimmten Begriffen sofort ein festgelegter Farbeindruck verbindet. Ein Schaf hat bitteschön weiß zu sein, ein Fuchs rot, eine Kornblume blau und ein Rabe eben schwarz. Rabenschwarz könnte – wäre sie nicht ein wenig trist – sogar eine Designerfarbe sein wie Saharagelb oder Marsrot. Und was soll nun das Rabenweiß?

Auch bei Tieren, die von Natur aus dunkelbraun bis tiefschwarz sind, können – relativ selten – erblich bedingt Störungen in der Pigmentbildung auftreten. Das Ergebnis sind so genannte Albinos – weiße Tiger, weiße Mäuse oder Ratten und eben auch weiße Raben. Albinotische Exemplare werden von den Artgenossen mitunter kaum akzeptiert und so in eine Außenseiterposition gedrängt. So steht auch der weiße Rabe bildhaft für etwas völlig Fremdartiges oder eine beachtliche Ausnahmeerscheinung. Im übertragenen Sinne bezeichnet die Metapher einen ausgesprochenen Individualisten bzw. jemanden, der bewusst gegen den Strom schwimmt und betont eine eigene Meinung vertritt. Schon beim römischen Dichter Juvenal (ca. 60–130 n. Chr.) kommt der *corvus albus* als Typ eines Mitmenschen vor, der sich aus der Menge durch abweichende Ansichten heraushebt. Viele europäische Sprachen verwenden das Bild eines krass andersfarbigen Vogels: Im Französischen ist es die Amsel („un merle blanc"), im Niederländischen („een witte raaf") wie im Englischen („a white crow") ein Rabe bzw. eine Krähe.

Du **Rabe**naas

Gröbste Beleidigung

Heftige Schimpfwörter wie „du Aas" oder „du faules Aas" für einen stinkfaulen („stinkendes Aas"), liederlichen Menschen (weiblichen Geschlechts, ein Luder also) sind schon schlimm genug. Sie lassen sich jedoch durchaus zum Rabenaas steigern. Der Rabe als Aasverzehrer und „liederlich böser Vogel" wird so zum „weißen Schimmel". Fast schon sympathisch wirken da parodierende Kirchenlieder aus der Barockzeit, in denen sich Raben-Aaser outen und um Vergebung bitten. So belebt etwa Thomas Mann (1875–1955) in seinen *Buddenbrooks* das „Rabenaas" wieder und lässt die vollständige Strophe in einer Andacht „zu einer feierlichen, glaubensfesten und innigen Melodie" singen:

„Ich bin ein rechtes Rabenaas,
Ein wahrer Sündenkrüppel,
Der seine Sünden in sich fraß,
Als wie der Rost den Zwippel.
Ach Herr, so nimm mich Hund beim Ohr,
Wirf mir den Gnadenknochen vor
Und nimm mich Sündenlümmel
In deinen Gnadenhimmel."

Im Zeichen des Wertewandels mutierte zumindest das berlinerische „du Aas" inzwischen vom Schimpfwort zum Ausdruck besonderer Tüchtigkeit: „Er is'n Aas uf de Baßjeije" (= ein Teufelsgeiger, ein Teufelskerl, ein Mordskerl). Vielleicht hat hier das französische „un as" (= ein tüchtiger Kerl), vom As im Kartenspiel kommend, seinen Einfluss ausgeübt.

Stehlen wie die **Raben**

Angeblich diebisch veranlagt

Bereits Niklaus Manuel (1484–1530) weiß zu berichten: „Ir diebsböswicht stelend wie die rappen". Und was bei Kaspar David von Stieler (1632–1707) in der „Teutschen Sprache Stammbaum" (1691) als „er stielet wie ein Rabe" steht, wird im französischen „voler comme un pie" (= stehlen wie eine Elster) ausgedrückt. Vor allem Elster und Rabe werden oft des Diebstahls von glänzendem Metall verdächtigt. Die „Diebische Elster", so auch der bezeichnende Titel (im Original: *La gazza ladra*) einer 1817 vollendeten Oper von Gioacchino Rossini (1792–1868), soll, wie andere Rabenvögel auch, solche Objekte im Schnabel in ihr Nest tragen. Obwohl sich dieses Gerücht geradezu extrem hartnäckig hält, hat auch der Autor dieser Zeilen (= KR) schon als Junge Elstern- und Rabenkrähennester diesbezüglich inspiziert, aber dort bisher noch keine Eheringe, Silberbesteck oder gar goldene Löffel gefunden. Dabei wirken Elsternnester besonders „verdächtig": Weil sie zum Schutz vor Nestraub ein „Dach" haben, kann man nicht so leicht in sie hineinschauen. Das „Belegfoto" einer fliegenden Elster mit geklautem Edelmetall im Schnabel wird zwar immer wieder in Zeitungen abgedruckt, ist aber tatsächlich eine plumpe Fälschung: Der Fotograf hat seiner zahmen Elster einfach das betreffende Objekt in den Schnabel gegeben. In diesem Kontext setzt möglicherweise auch das von der staatlichen Finanzverwaltung eingeführte Kürzel ElStEr für Elektronische SteuerErklärung an. Angesichts der bekannten Humorlosigkeit der wenig beliebten Finanzbehörde darf man auch in diesem Fall wohl von unfreiwilliger Komik ausgehen.

Und was die zu den Rabenvögeln gehörenden Eichel- oder Tannenhäher machen, nämlich Nüsse sammeln und für schlechte Zeiten verstecken, hat gewiss nichts mit Diebstahl, sondern nur mit Vorratshaltung zu tun. Kluge Rabenvögel eben!

Doch zurück zum Stehlen: Rabenvögel beklauen sich tatsächlich untereinander. Immer ist es ausschließlich Nistmaterial, also passende Äste oder Zweige, welche die Begehrlichkeit wecken. Vielleicht ist es nur das wunderschön glänzende Gefieder von Elster und ihrer rabenschwarzen Verwandtschaft, bei deren Anblick Menschen glänzende Augen bekamen, aber, weil sie die „bösen" Raben nicht als etwas Schönes ansehen durften – es lebe das Vorurteil! – an Klauen dachten.

Rabeneltern

Mangelnde Fürsorge

Wer seine Kinder vernachlässigt, wird seit dem 16. Jahrhundert als Rabenvater oder -mutter charakterisiert. Wie konnte es zu diesem gewagten Vergleich kommen? Gerade die Rabenvögel, von der Elster über die Aaskrähe bis zum Kolkraben, führen eine aus menschlicher Sicht geradezu vorbildliche Dauereinehe und sind ganz für ihre Kinder da. Während die Paare gemeinsam ihr Nest bauen, brütet das Weibchen meist alleine und hudert auch exklusiv die nach knapp drei Wochen Brutzeit geschlüpften Jungen. Dafür versorgt der Vater Mutter und Junge mit Nahrung. Erst wenn die Rabenkinder etwas größer sind, beteiligt sich auch das Weibchen an der Nahrungsbeschaffung. Bei der Aaskrähe, unserem häufigsten und auffälligsten schwarzen Rabenvogel, kann bei Partnerverlust sogar ein Elternteil als „Alleinerziehender" den Nachwuchs groß kriegen. Die Jungen werden nach dem Flüggewerden im Alter von 30 bis 35 Tagen noch mindestens weitere vier Wochen von den Eltern gefüttert und geführt. Die Brutfürsorge dieser „Rabeneltern" ist sogar so stark ausgeprägt, dass selbst zu Boden gefallene Nestlinge dort bewacht, weiter gefüttert und, wenn notwendig, gegen Beutegreifer und andere Feinde beherzt verteidigt werden. Manch ein Mensch, der einem Rabenvogelnest mit Jungen zu nahe kam, hat dies schon zu spüren bekommen. Die jungen Rabenvögel erreichen unter der intensiven elterlichen Betreuung „fließend" ihre Selbstständigkeit und werden erst ab der nächsten Brutsaison nicht mehr geduldet. Bei großer Hitze im Nest werden beispielsweise Kolkrabenjunge von den Eltern mit im Kehlsack herbeigetragenem Wasser versorgt, oder das Weibchen fliegt zum Baden und erfrischt die Nestjungen anschließend mit dem nassen Bauchgefieder. Die in Kolonien brütenden Saatkrähen vertreiben zwar Nistplatzkonkurrenten, aber diesjährige Jungtiere, erkennbar am noch schwarz befiederten Gesicht, dürfen sich unbehelligt in der gesamten Kolonie bewegen. Wenn solcherart Verhaltensweisen kein gelebter Kinderschutz sind …

Ganz anders sehen es die Bibel und frühe Naturbeschreiber. Im Buch der Bücher sind hungrige, von ihren Eltern verstoßene Rabenjunge erwähnt, so in Psalm 147,9: „Der Herr gibt dem Vieh Futter, wie den jungen Raben, die ihn anrufen und irre fliegen, weil sie nichts zu essen haben." (Hiob 38,41). Schließlich schreibt Konrad von Megenberg (1309–1374) in seinem „Buch der Natur" (um 1350): „Die raben werfent etlichen kint auz dem nest, wenn si der arbait verdeuzt mit in, daz si in nicht genuog speis pringen mügent." Selbst die gemäßigte Auslegung von Plinius, dass Rabeneltern ihre Jungen aus dem Nest vertreiben, sobald diese allein leben können, stimmt so nicht. Schließlich werden Rabenvogeljunge über die Nestlingsphase hinaus noch lange von den Eltern umsorgt. Wirklich gefährlich für die Bruten sind nicht die eigenen Eltern oder die anderen monogamen Paare in der Nachbarschaft, sondern umherstreifende Trupps von Nichtbrütern. Das sind unverpaarte Jungvögel aus dem letzten Jahr, wie sie bei Elstern und Aaskrähen regelmäßig vorkommen. Überfallartig, wie marodierende rumänische Banden, versuchen sie, Rabeneltern zu überfallen und Nestraub zu begehen. Doch selbst dieses scheinbar asoziale, ja sogar kriminelle Verhalten macht Sinn. Solche „Banden" können vor allem Brutpaaren mit qualitativ schlechten Revieren den Nachzuchterfolg vereiteln. Nestraub gelingt umso leichter, je weitere Strecken Rabeneltern vom Nest zur Nahrungssuche fliegen müssen. Dabei gilt die Regel, dass je höher die Populationsdichte, sich umso mehr „Habenichtse" in der Rabenbevölkerung befinden, die dann umso stärker Druck auf die Brutpaare und deren Brut ausrichten. So bildet diese innerartliche Bruterfolgsregulation einen entscheidenden Begrenzungsfaktor für die Vermehrung und damit die Bevölkerungsgröße der Aaskrähen in einem Gebiet. Und das hat viel mit Ökologie, aber nichts mit Rabeneltern zu tun. Die finden sich leider, aber immer wieder, nur bei Menschenfamilien.

Du UnglücksRabe

Bedauernswerter Pechvogel

Während die Raben in der antiken und germanischen Mythologie als Seelen- und Totenvögel angesehen wurden – so besaß der germanische Gott Odin gleich zwei davon, nämlich Hugin und Mumin, als Gedanke und Erinnerung – wurden sie erst im christlichen Mittelalter zu Galgenvögeln und Höllentieren. Vor allem wegen ihres pechschwarzen Gefieders (Pechvögel), dem unheimlichen Krächzen und ihrer Lebensweise als Aas- und Leichenfresser. Wer will schon etwas mit Galgenvögeln zu tun haben? Zum Unglücksraben schlechthin wurde „Hans Huckebein", dessen für Rabenvögel kennzeichnendes Neugierverhalten und ausgeprägten Spieltrieb der Zeichner, Dichter und Satiriker Wilhelm Busch (1832–1908) hervorragend getroffen hat. Eigentlich ein sympathischer Typ, endet Hans Huckebein als übermütiger „Bösewicht" dennoch tragisch, ohne nicht anderen zuvor, und zuletzt sich selbst, Unglück gebracht zu haben. Der „Unglücksrabe" erhängt sich betrunken in der Strickwolle der Tante, nachdem er zuvor den Rest eines Likörglases leerte: „Der Tisch ist glatt, der Böse taumelt, das Ende naht, sieh da er baumelt. Die Bosheit war sein Hauptpläsier, drum, spricht die Tante, hängt er hier!" Schade!

Kotzen wie ein Reiher

Unplanmäßiges Playback

Dieser Vergleich wird gerne (vor allem in studentisch-burschenschaftlichen Kreisen) gebraucht, wenn sich einer heftig erbrechen muss. Pate dafür könnten sowohl die heißeren, an Würgelaute erinnernden Rufe des Reihers gestanden haben, wie auch das Erbrechen der Nahrung zum Füttern der Jungen im Nest. Schon Aristoteles berichtet vom Erwärmen der Muscheln im Reihermagen und dem anschließenden Wiederausspeien. So wurde „Reihern" zum nicht ganz gerechtfertigten Synonym für Erbrechen. Ist das nicht zum Kotzen?

Eine **Schwalbe** macht noch keinen Sommer

Nicht zu früh freuen

„Und dieser Sommergast, die Mauerschwalbe, die gerne der Kirche heiliges Dach bewohnt, beweist durch ihre Liebe zu dem Ort, dass hier des Himmels Atem schmeckt", dichtet Shakespeare in „Macbeth" und setzt damit den allseits beliebten Frühlingsboten ein literarisches Denkmal. Obwohl die Erfahrung „eine Schwalbe macht noch keinen Sommer" uralt und weit verbreitet ist, wurde ihr erstes Auftauchen stets mit unterschiedlichen menschlichen Glückserlebnissen in Verbindung gebracht, die vom Partnerfinden im gleichen Jahr, über Reichtum bis hin zu sommersprossen-, hautflechten- und kopfschmerzfreien Zeiten führten. Der Sommer allerdings hielt dann erst Einzug, wenn sie alle da waren, um vor unseren Augen in Viehställen oder unter Dachvorsprüngen in ihren kunstvoll gebauten Viertel- und Halbkugelnestern zu brüten: „unsere" Rauch- und Mehlschwalben.

Das pfeifen die **Spatzen** vom Dach

Jeder weiß das doch schon

Sowohl sein wissenschaftlicher Name *Passer domesticus*, wie seine Volksnamen Stroße- (= Straßen-), Stadt-, Dach- oder Gartenspatz – im Hinblick auf seine Vorliebe für Getreide auch Speicherdieb, Kornwerfer, Korn- und Felddieb –, belegen einerseits seine Popularität, zum anderen auch sein Negativimage als unordentlicher bzw. ziemlich aufdringlicher Vogel. In Leipzig beispielsweise beschimpfte man den Spatz mit Dachscheißer, und von da oben sind häufig die geschwätzig klingenden Laute ganzer Spatzengesellschaften zu hören, als ob sie alles weitertratschen wollten, was unter den Dächern und auf der Straße passiert. Allerdings werden menschliche Geheimnisse, die oft sehr schnell keine mehr sind, von anderen als von Haussperlingen weitergetragen.

Du (siehst wieder aus wie ein) Dreck**Spatz**

Völlig verschmutzt

Wie alle Vögel betreiben Spatzen eine ausführliche Gefiederpflege. Und dies geschieht sowohl mit Wasser- als auch mit Staubbädern. Das häufige, oft als „Gemeinschaftserlebnis" durchgeführte im Staub und Dreck baden oder wälzen brachten viele Menschen eher mit Unreinheit in Verbindung. Auch die „liederliche" Nestbauweise unter Dachvorsprüngen oder in Mauerritzen an Wohnhäusern hat dem Spatz sein Negativimage als Dreckspatz eingebracht. Dabei hilft gerade das Staubbad als wirksames Komfortverhalten gegen lästige Gefiederparasiten. Und der „unordentliche" Nestbau mit Stroh und Grashalmen zeigt nur die Verwandtschaft unserer Sperlinge mit den zugegeben geschickter bauenden afrikanischen Webervögeln. Und noch etwas am Spatz wirkt „liederlich": Seine scheinbar kaum zu überbietende Ausdauer bei der physischen Liebe. Was Konrad von Mengenberg zur Schlussfolgerung kommen lässt: „allzu viel ist ungesund". Nur kein Neid, Herr von Mengenberg!

Schimpfen wie ein Rohr**Spatz**

Lauthals seinem Unmut Luft machen

Aus den Schilffeldern, welche die Ufer umsäumen, ruft ein Vogel ohne Unterlass „karra, kara, karrn – kint, kint, kint", weshalb man ihn in den Niederlanden zutreffend auch Karrakind nennt. Das Karra-Karrn macht ganz den Eindruck, als sei es dem Froschkonzert entlehnt. „Das Kint-Kint klingt mehr rufend oder schreiend als pfeifend und liegt mindestens eine Quinte höher als das Schnarren und Karren", schreibt Alwin Voigt (1892) treffend über die Lautäußerungen des Teichrohrsängers, einer Vogelart aus der Familie der Zweigsänger. Dieser Vogel wirkt im Aussehen und Gesang wie die Kleinausgabe des Drosselrohrsängers, dessen volkstümliche Namen Rohrschliefer, Rohrsperling, Rohrnachtigall und eben „Rohrspatz" sind. Die wie heftiges Geschimpfe klingenden Laute aus dem Rufrepertoire der Rohrspatzen führten im 18. Jahrhundert zum redensartlichen Vergleich:

„Sie schimpfte wie ein Rohrsperling, wenn man sie wollte necken". Nicht Neckereien, sondern Beunruhigungen oder Störungen von außen bzw. Zanksucht untereinander veranlassen „echte Rohrspatzen" zu schimpfen.

Wie ein **Storch** im Salat

Ungelenk umherstaksen

Bei den beiden heimischen Storchenarten, dem in der Fabel auch als Adebar bekannten Weißstorch und dem sehr zurückgezogen lebenden Schwarzstorch, sieht es zugegebenermaßen äußerst grazil und elegant aus, wenn sie mit ihren langen, schlanken Beinen vorsichtig durch die Vegetation schreiten und ihr spitzes Mundwerk auf eine potenzielle Beute richten. Beim Menschen wirkt ein vergleichbarer Bewegungsablauf dagegen geziert, geckenhaft und meist sogar lächerlich. Wenn bei Modeschauen die ultrarappeldürren Mannequins über den Laufsteg staksen, fühlt sich der naturkundige Beobachter an eine Storchenwiese erinnert. Übrigens kommt der hochdeutsche Name Storch vom althochdeutschen *storchanen* (= starr werden) und bezieht sich auf die steife Haltung des Vogels, wenn er auf Beute lauert.

Nun brat mir aber einer 'nen **Storch**

Völlig undenkbar

Und in Berlin fügt man noch an: „Aber de Beene bitte recht knusprig". Diese Redensart arbeitet gezielt mit dem Stilmittel der Übertreibung, weil es in unseren Kulturkreisen trotz abstruser kulinarischer Vorlieben schlicht als Unding gilt, einen gebratenen Storch zu verzehren. Auf dem Zugweg der Störche ins Winterquartier im südlichen Afrika und zurück sieht man das aber ganz anders: Berühmt wurde ein 1822 auf Schloss Bothmer bei Klütz erlegter Storch, dem noch ein afrikanischer Pfeil im Hals steckte.

Das Tier hatte trotz dieser erheblichen Verletzung den Rückflug nach Mecklenburg-Vorpommern geschafft. Heute ist dieser „Pfeilstorch" das Paradestück der Zoologischen Sammlung der Universität Rostock. Zum Zeitpunkt seiner Erlegung machte er bezeichnenderweise Wissenschaftsgeschichte. Bis zum frühen 19. Jahrhundert war nämlich völlig unklar, wo denn die im Winter nicht vorhandenen Brutvögel, die in den Sommerwochen ein vertrautes Bild abgeben, eigentlich verbleiben. Wilde Spekulationen waren im Umlauf. Die einen meinten, auch die Störche hielten irgendwo im Verborgenen Winterschlaf, und andere waren der Ansicht, dass sie sich gar in Mäuse verwandelten. Der Pfeilstorch mit dem eindeutig als afrikanischer Herkunft identifizierbaren Jagdpfeil im Hals lieferte den ersten unzweifelhaften Beweis, dass die Störche nach Abschluss ihres Brutgeschäftes weit entfernte Winterquartiere aufsuchen. Unterdessen sind insgesamt fast zwei Dutzend solcher Pfeilstörche bekannt und dokumentiert.

Zurück zur Redensart: In die mitteleuropäisch-bürgerliche Vorstellungswelt passt der gebratene Storch partout nicht, und deswegen ist die Metapher ein Ausdruck größter Verwunderung, wenn man einem fast nicht zu fassenden Sachverhalt begegnet.

„Der will einen Storch gebraten haben" verwendet man auch in dem Sinne, dass jemand kaum zufrieden zu stellen ist und immer etwas Besonderes oder Außergewöhnliches verlangt. Hier vertritt der arme Storch die in dieser Notierung bekanntere Extrawurst.

Dich hat der Klapper**Storch** gebracht

Verlegene Ausrede

ist eine möglicherweise immer noch gängige Antwort auf das hartnäckige Fragen der Kinder nach ihrer eigenen Herkunft. Schon 1907 hat Sigmund Freud (1856–1939) in einer Studie über die Aufklärung der Kinder angeprangert, dass die Erziehung durch Irreführung auf sexuellem und Einschüchterung auf religiösem Gebiet falsche Wege beschreitet. Als Ausgangspunkt der elterlichen Prüderie, welche die biologischen Sachverhalte verhüllt, sieht er das schlechte Gewissen der Erwachsenen im Umgang mit ihrer eigenen Sexualität.

Nach der literarischen Überlieferungslage ist die Mär vom Klapperstorch, der die Babys aus einem Teich fischt, relativ jung. Unzweifelhaft ist sie als Brauchtum heute im gesamten deutschen Sprachraum verbreitet: Wo in einem Haus ein Neugeborenes Einzug gehalten hat, findet sich oft eine Storchendarstellung mit Windelpaket im Schnabel an der Haustür oder am Balkongitter.

Statistiker verwenden die Klapperstorchgeschichte gerne als warnendes Beispiel dafür, dass man Korrelation und Kausalität bei parallelen Kurvenverläufen bitte sauber trennen möge: Stellt man den Rückgang der Weißstorch-Brutpaare seit 1970 in Schleswig-Holstein und den Geburtenrückgang in diesem Bundesland für den gleichen Zeitraum in getrennten Kurven im gleichen Schaubild dar, verlaufen die jeweiligen Kurven strikt gleichsinnig. Die unvorsichtige Interpretation käme angesichts dieser Sachlage zu dem fatalen Schluss, dass der Storch tatsächlich die Kinder bringt.

Einen **Vogel** haben

Nicht klar denken (können)

Wenn jemand nach der festen Überzeugung seines Umfeldes „nicht ganz richtig im Kopf" ist oder „nicht sauber tickt" bzw. „einen Dachschaden hat", liegen die Probleme offenbar in seinem Gehirn, obwohl die Neurobiologie den organischen Unterschied zwischen erbärmlich dumm und hochintelligent auch nach jahrzehntelanger Forschung nicht einmal ansatzweise erklären kann. Für den die Dinge immer ein wenig vereinfachenden Volksglauben vergangener Zeiten war die Sache dagegen völlig klar: Das erkennbar mangelnde oder zumindest stark eingeschränkte Denkvermögen, das man erst etwa seit dem 15. Jahrhundert vom Herzen in das Gehirn verlagert hatte, wird nach damaliger Einschätzung durch Tiere im Kopf verursacht. Vereinfacht ausgedrückt: Wo sich bei einem halbwegs klugen Menschen eben die Gehirnsubstanz zum Denken befindet, nisten nach naiver Vorstellung bei einem Dummen bzw. Minderbegabten kleine Vögel.

„Der hat einen Vogel", „bei dem piept's wohl" oder „er/sie hat eine Meise unter'm Pony" ist demnach, populärornithologisch gesehen, jeweils die nett umschreibende Aussage, dass der betreffende Gehirnschädel weitgehend leer ist und zum Nistplatz für Höhlenbrüter wurde.

Wer jemandem „einen Vogel zeigt", greift diese traditionelle Einschätzung auf und verweist – was übrigens strafrechtlich von Belang ist – unmissverständlich auf den vermuteten oder behaupteten Sachverhalt gefiederter Nachmieter im leeren Kopf. Dass bestimmte Tierarten sich im Gehirn einnisten und durch Verdrängung oder Zerstörung der Gehirngewebe erhebliche Verhaltensstörungen hervorrufen, ist allerdings eine erwiesene Tatsache, wie das Beispiel des parasitischen Drehwurms zeigt. Unsere gefiederten Freunde sind an solchen Symptomen aber mit Sicherheit gänzlich unbeteiligt.

Den **Vogel** abschießen

Den Sieg davon tragen

Schützenvereine, hervorgegangen aus mittelalterlichen Bürgerwehren zur Selbstverteidigung, spielen mit ihrer langen Tradition regional im dörflichen oder kleinstädtischen Leben eine bedeutende Rolle. Das Schützenfest, wegen der kirchlichen Bindung der Vereine oft zusammengelegt mit der Kirmes, ist der feierliche Höhepunkt des ganzen Ortes. Zu diesem Zeitpunkt wird aus den Reihen der aktiven Mitglieder der neue Schützenkönig ermittelt. Dazu schießen die Schützen statt auf eine runde Zielscheibe meist auf einen stilisierten Vogel aus Holzteilen, der auf einer Stange montiert ist. Wer ihn mit einem gut gezielten Schuss als Ganzes oder zumindest seinen letzten Bauteil erwischt und damit den Vogel abgeschossen hat, ist nun für ein Jahr Schützenkönig. Im übertragenen Sinn steht die Wendung für eine herausragende und preiswerte Leistung, kann aber auch spöttisch für das Gegenteil gemeint sein: „Mit solch miesen Verkaufszahlen hast du mal wieder den Vogel abgeschossen".

Die redensartliche Formulierung „den Vogel abschießen" bezeichnet gelegentlich auch den Erfolg beim sogenannten Tontaubenschießen, das sogar olympische Disziplin ist. Bei den ersten Olympiaden schoss man tatsächlich auf lebende Tauben. Als Tierschützer dagegen zu Recht heftig protestierten, wechselte man weise zu Tonscheiben, die eine Wurfmaschine durch die Luft wirbelt.

Ein Pech**Vogel** sein

Unglück erleiden

ist von der Vogelstellerei abgeleitet, die heute bei uns verpönt und sogar verboten ist, im Mittelmeerraum allerdings immer noch erbarmungslos praktiziert wird. Am Pech/Leim auf der Rute bleibt der arme Vogel kleben und geht zugrunde, um danach in der Pfanne zu landen. Er ist dem Fänger eben auf den Leim gegangen. Nicht nur Vögel, sondern auch Mäuse fing man früher mit Pech. So schrieb 1541 Sebastian Franck (1499–1542): „Die maus hat das bech, der vogel den leim versucht. Die maus weiß nit was bech, noch der vogel was leim ist, bis sie versuchen, etwa drob gefangen werden und schwerlich davon kommen". Pech gehabt!

Pech (ein Erdölprodukt) ist schwarz, und schwarz ist böse. Deshalb wird die Vorstellung von Hölle neben Feuer und Schwefel auch immer mit Pech in Verbindung gebracht. „Pech und Schwefel" bedeuten eigentlich „Feuer und Schwefel". So wie die faule Pechmarie im Märchen bestraft wurde, so „... ließ der Herr Schwefel und Feuer regnen von dem Herrn vom Himmel herab auf Sodom und Gomorra ..." (1 Moses 19,24).

Wie die Felle davonschwimmen – unsere Säugetiere in Redensarten

Wir hatten es uns so schön ausgemalt: Bei den Voraussetzungen und Vorleistungen konnte die Zukunft im Beruf, in der Partnerschaft nur rosa sein. Doch plötzlich kam alles ganz anders. Unsere Erwartungen, Hoffnungen, Sehnsüchte zerrannen wie Sandkörner zwischen den Fingern. Nichts konnten wir festhalten. Wir sahen, wie unsere Felle davonschwammen. „Ich finde da nur noch den Lohgerber, dem die Felle weggeschwommen", lässt es Theodor Fontane (1819–1898) eine Figur in „Frau Jenny Treibel" (1892) treffend ausdrücken. Denn aus dem Berufsleben der Lohgerber stammt diese Redensart. Wenn sie nach dem chemisch recht aufwändigen Gerbprozess ihre Felle in einem Fluss auswuschen und diese ihnen dabei aus den Händen glitten, sahen sie mit den Fellen ihre Mühen und den Lohn ihrer Arbeit davonschwimmen.

Um beim Fell zu bleiben: Gerne wird es in der eher etwas derberen Umgangssprache für die menschliche Haut gebraucht. Wer sich „ein dickes Fell zulegt", ist weniger leicht durch Anschuldigungen, Beleidigungen, Verleumdungen und Ähnliches verletzbar. „Et Fell versohlen" versteht man auch außerhalb des Rheinlandes als Prügel bekommen. Die gleiche Aussage steckt hinter dem Begriff „das Fell gerben (bläuen)". Womit wir wieder bei den Lohgerbern angelangt wären. Wer einen anderen betrügt, „zieht ihm das Fell über die Ohren". Wobei diese Redensart kaum aus der Jägersprache stammen kann, da diese für Fell die Begriffe „Balg" oder „Decke" und für Ohren „Lauscher" oder „Löffel" verwendet. Die Herkunft finden wir in der Bauernkultur. Dort zieht der Abdecker dem toten Tier das Fell über die Ohren, nachdem er diese zuvor abgetrennt hat. Nackt und ohne Fell muss sich mancher Bauer schon vorgekommen sein, wenn er zu spät bemerkte, dass er einem betrügerischen, reisenden Händler auf den Leim gegangen war. Doch Letzteres wäre schon wieder eine eigene Erklärung wert.

Kein **Aas** glaubt das

Einfach nicht zu fassen

Ein Aas, in der Hoch- wie in der Umgangssprache die Bezeichnung für eine Tierleiche in eventuell bereits fortgeschrittenem Zustand der Verwesung, bietet weder für Auge noch für Nase einen schönen Eindruck und gilt betont verächtlich als das buchstäblich Allerletzte, mit dem man zu tun haben möchte. Von daher wird verständlich, dass der Begriff auch als Schimpfwort für niederträchtig empfundene Mitmenschen verwendet wird (sogar in der stabreimenden Steigerung „Du altes Aas!") – so übrigens schon in den meist ohnehin etwas derben Schwänken des Nürnberger Handwerkerpoeten Hans Sachs (1494–1576). Wenn nicht einmal ein nutzloser Tierkadaver, geschweige denn ein angeblich nichtswürdiger Mensch von etwas zu überzeugen ist, ist die Sache wohl vollends verloren. Ähnlich ist auch die Wendung „Kein Aas war zu sehen" oder „Kein Aas glaubt das" zu verstehen.

Das Verb „aasen" setzt die Umgangssprache für verschwenden, verprassen bzw. verschleudern von Hab und Gut ein. Dieses Bild ist offenbar abgeleitet von der Beobachtung Aas fressender Tiere, beispielsweise von Geiern oder Raben, die ihre Beute mit dem Schnabel hin- und herschleudern, um sie zu zerkleinern, und damit beim nur flüchtigen Hinsehen den Eindruck erwecken, als verschleuderten sie ihre Mahlzeit.

So nutzlos, wie es der verachtende Sprachgebrauch unterstellt, ist Aas in der Natur übrigens nicht. Eine ganze Reihe von Konsumenten hat sich in aquatischen und in festländischen Lebensräumen gezielt auf die Vertilgung von Kadavern spezialisiert. Diese Organismen tragen so zu deren Rückführung in die stofflichen Kreisläufe der Natur durch Remineralisierung bei. Außer Geiern und Raben erledigen auch viele Insekten wie Aaskäfer oder Aasfliegen diesen unschönen, aber unverzichtbaren Job. Die Natur kennt keine Abfälle, und das ist die einfache Konsequenz aus dem Vorhandensein von Destruenten, wie man die ökologische Planstelle der Aasverwerter nennt.

Mich laust der **Affe**

Unverhofft, aber nicht unwillkommen

Die Gaukler sind in der Stadt! Eine dichte Menschentraube umsteht die kleine, exotische Truppe, zu der ein Feuerschlucker, eine rassige Tänzerin, ein reich geschmücktes Kamel und ein kleiner Affe, der in Menschenkleidung steckt, gehören. Zum Schluss der kurzweiligen Vorstellung schlägt das Äffchen, vom Feuerschlucker an einer Kette geführt,

eine Reihe von Purzelbäumen um das in der Mitte liegende Kamel, von dessen Rücken aus sich die Tänzerin nach allen Seiten hin graziös verbeugt, um den Applaus des Publikums als Brot des Künstlers entgegenzunehmen. Doch weil man auch als Gaukler vom Applaus allein nicht satt werden kann, schreitet jetzt der Feuerschlucker mit dem Affen auf der Schulter die Menge ab, um Münzen in seinem Hut einzusammeln. Plötzlich schreit aber jemand aus dem Publikum erschreckt auf: Der Affe ist mit einem einzigen Sprung von der Schulter des Feuerschluckers auf einen Mann gesprungen, um gleich darauf mit flinken Fingern dessen Haare zu durchwühlen. Kaum hat er etwas Fressbares auf der Kopfhaut des Zuschauers erspürt, führt er dies geschickt zu seinem Affenmund, um es genüsslich zu verspeisen. Dieses „Lausen" begeistert alle, bis auf den „Gelausten", und fast noch mehr als die gesamte Vorstellung zuvor. Ohne es zu wollen, ist er ein Teil des Gauklerspektakels geworden. Peinlich hätte es dem betreffenden Herrn dennoch nicht sein müssen. Schließlich suchte der Affe auf seiner Kopfhaut nicht nach Ungeziefer in Form von Kopfläusen, sondern nur nach feinen Hautschüppchen. Und das ist eine Passion, die viele Primatenarten als ausdrücklich partnerbindungsverstärkende Maßnahme gerade auch unter ihresgleichen pflegen. Immerhin war der alte Gauklertrick so beliebt und weit verbreitet, dass er bis heute als Redensart noch weiterlebt.

Dem Affen Zucker geben

Ein wenig aus der Rolle fallen

Inzwischen weiß man aus leidvoller Erfahrung, dass Füttern der Tiere durch die Zoobesucher für die Tiergesundheit äußerst gefährlich sein kann. Als es noch erlaubt war, waren es gerade die Affen, denen man gerne Zucker als Würfel oder als Bonbons zuwarf, um sich an den komischen Situationen zu belustigen, welche die Affen kreierten, um an die vermeintlichen Leckerbissen heranzukommen. Wer nüchtern oder angetrunken völlig ausgelassen und lustig sein kann, seiner Neigung nachgibt oder sich besonders eitel aufführt, gibt seinem Affen Zucker.

Die seit 1719 nachweisbare Redensart nimmt damit nicht nur auf die Affen in den Menagerien Bezug, sondern meint wohl auch, dass ein Mensch mit solcherart Verhalten den Affen in sich trägt. In seinen „Ernst-scherzhaften und satirischen Gedichten" umschreibt Picander 1737 – so das Synonym von Christian Friedrich Henrici (1700–1764, Textdichter von Johann Sebastian Bach) – sehr treffend, wie verliebte, ältere Herren sich beispielsweise leicht zum Affen machen:

„Und wenn sie krumm und tief gebückt,
Ein Mäulchen obenhin erhaschen,
So sind sie durch und durch erquickt,
Und wie ein Äffchen so vergnüget,
Wenn es ein Stückchen Zucker krieget.
Das war's wohl, ihr alten Affen!"

Ist das ein **Affentheater**

Szenen aus dem Behördenalltag

Wer seinem Affen Zucker gibt, macht sich schnell zum Affen – wie gerade gesehen bei den alten, verliebten Herren. Womit wir beim „Ein Affentheater aufführen" wären. So führen sich unsere Artgenossen, oder wir selber, immer dann auf, wenn ein übertriebenes (äffisches) Gebaren an den Tag gelegt wird.

Dass wir als Menschengeschlecht zu den Primaten gehören und nach mancher Einschätzung aus Fachkreisen lediglich eine dritte Schimpansenart darstellen, hat man schon lange geahnt, aber durchaus immer gerne verdrängt. Heute ist unbestritten, dass Bonobos, Schimpansen, Gorillas und Orang Utans uns verdammt nahe stehen. In vielen Situationen halten sie uns geradezu den Spiegel vor, in dem wir uns, oder sie als unsere nächsten Verwandten, eben als die nackten Affen erkennen, zu denen uns die kulturelle Evolution herausgebildet hat. Stehen wir dazu?!

Ein ungeleckter **Bär**

Akuter Bildungsbedarf

So umschreibt man bildhaft einen groben, ungehobelten Menschen, eben einen Klotz bzw. ungeschlachten Gesellen. Diese Redensart ist bezeichnenderweise in vielen europäischen Sprachen zu Hause, vom französischen „un ours mal leché" bis zum niederländischen „hij is een ongelikte beer". Ihr Ursprung lässt sich bis ins Altertum zurückverfolgen, als man noch glaubte, dass der kleine Bär als zunächst gestaltloses, unförmiges Stück Fleisch zur Welt kommt und erst durch seine Mutter in die richtige Form geleckt wird. Ganz so abwegig, wie es auf den ersten Blick erscheinen mag, ist dieser alte Volksglaube dennoch nicht. Schließlich werden Bären recht unfertig geboren. Nur ungefähr rattenklein, nackt und blind sind die kleinen Bärchen, wenn die Bärenmutter sie in ihrem Winterlager zur Welt bringt, um danach intensiv von ihr beleckt (!) und äußerst fürsorglich aufgezogen zu werden. Anderthalb bis zwei Jahre folgen die Jungen der Mutter noch, um in dieser langen Zeit vieles von ihr zu lernen. Wie wichtig eine gute Kinderstube für heranwachsende Bärenkinder ist, zeigte ein Auswilderungsversuch von zwei Jungbären aus dem Züricher Zoo im italienischen Trentino. Diese Zoobärenkinder waren nicht in der Lage, ihre natürliche Nahrung selbst zu finden, sondern bettelten daher Menschen an, wenn sie nicht gerade Fressbares auf der Müllhalde von Cortina d'Ampezzo fanden. So mussten diese armen Wichte schließlich wieder halb verhungert eingefangen werden. Und das zu einer Jahreszeit, in der die wilden Bären des Trentino sich fast ausschließlich von Ameisen ernähren. Die Ameisenjagd ist jedoch kein angeborenes, sondern ein von den Bärenmüttern erlerntes Verhalten. Womit aus einem ungeleckten, überhaupt nicht umsorgten Bärenjungen tatsächlich nur ein ungeschickter, ungehobelter Bär werden kann. Ganz im Sinne eines anderen Sprichwortes „Was Hänschen nicht lernt, lernt Hans nimmermehr" gilt das auch für den Menschen. Womit wir endgültig von der Bärenkinderstube zur menschlichen gewechselt wären …

Jemandem einen **Bären** aufbinden

Eine besondere Form der Problemverlagerung

Wer hat die Situation nicht schon erlebt? Zunächst hört man der Erzählung seines Gesprächspartners mit offenen Ohren und – weil sie sich so spannend darstellt – auch mit geöffnetem Mund aufmerksam zu, um mit meist deutlicher zeitlicher Verzögerung festzustellen, dass alles Gesagte wohl doch nicht der Wahrheit entspricht. Wir haben uns dann halt einen Bären aufbinden lassen! Doch während die Botschaft dieser beliebten Redensart eher glasklar ist, lässt ihre Herkunft bis heute einen breiten Raum für Spekulationen zu. Ursprünglich wurde der

Bär wohl nicht auf-, sondern angebunden. Möglicherweise beruht das Ganze auch auf einem Missverständnis des Wortes „Bär", das vom alten Ausdruck *bere, bäre* (= Abgabe oder Last) abgeleitet wurde. Dem anderen die schwere Last der Lüge aufbinden, ergibt da schon einen besseren Sinn, wobei „aufbinden" wohl gleichbedeutend mit dem lateinischen Wort *imponere* (= aufbürden) verwendet wurde. Während mit der älteren Redensart „vom Bären anbinden" Schulden machen gemeint war, bedeutet „aufbinden" etwas vorlügen. Wie dem auch sei: Weder das eine, noch das andere spricht nicht gerade für den Ausführenden. Möglicherweise standen am Anfang der Redensart auch ein richtiger Bär und die Herleitung aus der Jägersprache Pate. Sicher war und ist es ungeheuer schwer, einen lebenden, kräftigen Bären zu fesseln. Vielleicht hat irgendwann ein Jäger einem Gesprächspartner mit seiner Jagdgeschichte einen solchen Bären an- bzw. aufgebunden. Schließlich findet sich schon im *Simplicissimus* (1668) des Johann Jakob Christoffel von Grimmelshausen (1622–1676) die Stelle: „... dass ich ihnen, wenn ich nur aufschneiden wollte, seltsame Bären hätte anbinden können". Soviel zum Jägerlatein! In Ostpreußen kam übrigens zum Bären noch das Brummen hinzu. „Er hat einen guten Bären brummen" bedeutet, dass er Schulden hat, und „die Bären brummen" meint nichts anderes, als dass die Gläubiger bezahlt sein wollen – beides nicht gerade erfreuliche Aussichten, so ganz und gar nicht „bärig".

Einen **Bär**endienst erweisen

Gut gemeint, aber voll daneben

Diese heute nur noch wenig verwendete Formel bringt zum Ausdruck, dass man jemandem in guter Absicht einen Gefallen tut, der ihm aber tatsächlich schadet. Die Wendung geht zurück auf die Fabel „Der Bär und der Gärtner" von Jean de La Fontaine (1621–1695). In dieser Geschichte sieht ein Bär, der seinem Herrn, einem Gärtner, immer treue Dienste erwiesen hatte, eines Tages eine lästige Fliege auf dessen Nasenspitze sitzen. Der Bär handelt sofort: Er erschlägt die Fliege mit einem dicken Stein. Nun ist zwar die Fliege unwiderruflich tot, der Gärtner aber auch.

Keinen **Bock** haben

Die Hormone stimmen nicht

Während die meisten Redensarten lange tradiert wurden und auf alte Ursprünge zurückreichen, gehört der „Nullbock" zu den eher modernen Redewendungen des ausgehenden 20. Jahrhunderts. Aus der Jugendsprache um 1979/80 entstanden, dient er als Metapher, um unmissverständlich auszudrücken „keine Lust auf irgend etwas zu haben". Die (scheinbare) Lust- und Antriebslosigkeit war – oder ist? – das oft diagnostizierte Markenzeichen einer ganzen Generation, dem der „Nullbock-Generation". Wenn aber aus den gleichen Mündern der Ausspruch „ich habe Bock auf …" kommt, was soviel wie „ich habe Lust/Appetit auf …" heißen soll, kann es mit dem „Nullbock" soweit her nicht sein. Haben wir die jungen Leute vielleicht zu „Sündenböcken" gemacht? Mit Sicherheit schauen viele Ältere auf „Nullbock"-Jugendliche herab, ohne sich dabei selbstkritisch zu fragen, ob das Verhalten der Jugend nicht meist nur Ausdruck und Reaktion auf das (Fehl-)Verhalten der Erwachsenen ist. Womit wir beim „Sündenbock" wären. Wo die Sünde im Spiel ist, ist die Bibel gewöhnlich nicht weit. Bei 3 Moses 16,21 f. finden wir die passende Lösung: Als jüdischer Brauch wurden dem Hohepriester am Versöhnungstag zwei Böcke übergeben, die als Sühneopfer für die Sünden des Volkes dienen sollten. Sie waren die ersten „echten Sündenböcke", die für die Schuld anderer leiden und sogar sterben mussten. Wobei die Leiden der beiden Tiere immer unterschiedlich ausfielen. Während nach Losentscheid tatsächlich nur ein Bock für den Herrn geopfert (= getötet) wurde, bekam der zweite durch Handauflegen des Hohepriesters alle Sünden Israels aufgebürdet, um damit anschließend in die Wüste gejagt und seinem eigenen Schicksal – wahrscheinlich in Form eines Leoparden – überlassen zu werden. Bis einschließlich der Lutherbibel kam das Wort „Sündenbock" in allen frühen Bibelausgaben allerdings nicht vor. Vielmehr war in den frühen Texten immer vom „ausgesandten Bock" die Rede.

Der Brauch, anstelle eines Opfertieres einen Menschen zum Sündenbock zu machen, erfreute sich in anderen Teilen der Welt großer Beliebtheit, und das mit langer Tradition. So fing man noch im China des 17. Jahrhunderts, so ein Bericht von Shinto Myomoku, an einem 11. Januar auf der Landstraße den erstbesten Reisenden ein, um ihn nach einer langen religiösen Zeremonie schließlich aus dem Tempel zu treiben und bis zur Erschöpfung zu jagen. An der Stelle seines Zusammenbruchs vergrub man schließlich einen Opferkuchen aus Lehm, den man während der Tempelzeremonie aus einer Lehmfigur umgeformt und dem „armen Teufel" auf den Rücken gebunden hatte. Erst um 1740 wurde das „Fremdenfangen" dadurch abgelöst, dass man meist einen 40-jährigen Mann durch Losentscheid zum „Sündenbock" kürte.

Noch perfider erscheinen die tibetanischen Methoden oder gar die aus einem chinesischen Dorf. In Tibet „mietete" man für Geld einen Bettler, der, in Tierfelle gehüllt, aus dem Lama-Tempel heraus zum „Teufel" gejagt wurde. Unter Trommeln und Trompeten schlug und bewarf man ihn so heftig mit Knüppeln und Steinen, dass er oft genug noch vor Erreichen des rettenden Stadttors zu Tode kam.

Ausgesprochen heimtückisch und für die in vielen Zügen doch eher primitive Kultur des Fernen Ostens typisch ist auch der aus einem chinesischen Dorf überlieferte Brauch, einen am 11. Januar ankommenden Fremden zunächst in einem gastlichen Haus schweigend zu bewirten, um ihn dann beim Verlassen hinterrücks mit einem Stein zu erschlagen.

Für ihre rituellen Sündenbockopfer verwendeten die alten Griechen von ungefähr 400 v. Chr. bis ins 3. Jahrhundert n. Chr. zumeist Verbrecher. Die „Sündenböcke", je ein Mann und eine Frau, wurden ausgewählt, wenn im Jahreslauf zum ersten Mal Feldfrüchte für Apollo in einer Zeremonie geopfert wurden, aber auch wenn Seuchen die Stadt heimsuchten. Mit Gerstenbroten in ihren Händen und einer Halskette aus schwarzen (Mann) und weißen Feigen (Frau) führte man die beiden durch alle Straßen. Sie sollten dabei sämtliche Unreinheiten an- und aufnehmen. Vor der Stadt wurden die „Sündenböcke" schließlich gesteinigt und verbrannt. Ihre Asche streute man in den Wind oder in einen See.

Sollte sich jemand als Sündenbock fühlen, sei er an die Worte unseres früheren Staatsmannes Bismarck erinnert, als man ihn für den Kriegsausbruch 1866 verantwortlich machen wollte: „Überall macht man mich verantwortlich für eine Situation, die ich nicht geschaffen, sondern die mir aufgedrängt worden war; ich bin für die öffentliche Meinung der Sündenbock."

Den **Bock** zum Gärtner machen

Das Peter-Prinzip: Beförderung in die Inkompetenz

Wenn ein völlig Ungeeigneter mit einer Aufgabe oder einer Arbeit betraut wird, die zu keinem vernünftigen Ergebnis führen kann, und er dabei mehr Schaden als Nutzen bringt, hat man „den Bock zum Gärtner gemacht". Schließlich wäre es genauso, als ob man einen Ziegenbock in seinen Garten ließe. Denn dieser Abkömmling der Wildziegen zeichnet sich durch mehrere, für ihn und seine Sippe lebenserhaltende Eigenschaften aus: Neben ihrer großen Anpassungsfähigkeit an unterschiedliche klimatische Bedingungen, sind Ziegen äußerst genügsam, bemerkenswert gute Futterverwerter und dazu auch noch hervorragende Kletterkünstler. Im Gegensatz zu Rindern, Pferden und Schafen können Ziegen auch sehr stark aromatische und salzhaltige Kräuter fressen und selbst den zellulosereichen Pflanzenbestand in Halbwüsten und felsigen Hochlagen verwerten. Womit vor ihrem Maul tatsächlich nichts Pflanzliches sicher ist. Wo einst auf ozeanischen Inseln ausgesetzte Ziegen früheren Seeleuten als Fleischreserve dienen sollten, haben sie sich bei passenden Bedingungen so stark vermehrt, dass sie an der oft einzigartigen Inselvegetation erhebliche Schäden, bis zur völligen Zerstörung solcher Insel-Ökosysteme, anrichteten. Die früheren Einzäunungen unserer Gärten dienten zu keinem anderen Zweck als zum Abhalten der gefräßigen Haus- und Wildtiere, vor allem der klettergewandten Ziegen. So reimte 1639 schon Christian Lehmann (1611–1688) sehr direkt: „Glaub, wo der Bock ein Gärtner wird, die jungen Bäume er wenig ziert …" oder 1655 Simon Dach (1605–1659) im mehr übertragenen Sinn: „Denn wer Mägde lässt allein, setzt den Bock zum Gärtner ein." Womit die „Ziegen" auch noch ihr Fett weg hätten …

Ins **Bock**shorn jagen

Angst ist ein schlechter Ratgeber

Was damit gemeint ist, lässt sich leichter erklären als die rätselhafte Herkunft dieser Redensart. Wer sich ins Bockshorn jagen lässt, hat sich einschüchtern, verunsichern, in die Enge treiben oder sonst wie total verängstigen lassen. Es war wohl Martin Luther, dessen Ausspruch „alle Welt ist erschreckt und überpoltert, bis sie endlich in ein Bockshorn gejagt" dem „jagen" endgültig zum Vorsprung vor dem „ins Bockshorn zwingen, treiben, stoßen, kriechen oder blasen" verhalf. Um alle mehr oder weniger schlüssigen Deutungsversuche zu verstehen, lohnt sich das Nachschlagen und -lesen in Lutz Röhrichs „Lexikon der sprichwörtlichen Redensarten". Der Autor bietet darin in großer Ausführlichkeit immerhin neun verschiedene Deutungen an, die hier in Kurzform vorgestellt werden.

Vielleicht ist die Redensart ja einfach nur wörtlich zu nehmen. Schließlich könnte der Anblick eines gehörnten Bocks dem Betroffenen einfach einen gewaltigen Schrecken einjagen, vor allem dann, wenn man das Bockshorn als Teufelshorn ansieht. Da sich das Horn üblicherweise zur Spitze hin verengt, würde ein Hineinjagen durchaus mit „klein kriegen" gleichzusetzen sein.

Wenn mit dem „ins Bockshorn jagen" kein heftiges Einschüchtern, sondern eher ein in die Enge treiben gemeint ist, könnte die Redensart auch von der Wurstherstellung oder vom Backen herrühren, bei denen der Teig in ein Horn gestoßen wurde, um dessen offenes Ende als dünner Strang zu verlassen. Oder es stand einfach nur die eventuell unangenehme Begegnung mit einem Ziegenbock Pate, dessen sicherlich heftigen Hornstößen man gegebenenfalls einfach nicht mehr ausweichen konnte. Bei allen anderen acht Erklärungsversuchen hat das Bockshorn eine eher übertragene Bedeutung. In schwäbischen Schulen wurden eigensinnige („bockige") Kinder in Strafwinkel, die so genannten „Bockställe" oder „-ställchen" gestellt, wobei später aus dem engen Winkel das „Horn" wurde. Eine andere Deutung geht von dem Gelehrten Markus Zubrinus Boxhorn aus, der besonders schlau sein wollende Burschen so in die Enge trieb, dass sie sich danach fragen lassen mussten, ob man sie ins Boxhorn gejagt hätte. Eine weitere Deutung stammt aus dem Brauchtum, als man im 16. Jahrhundert in manchen Gegenden für das Osterfeuer die Begriffe „Bockshornbrennen" oder „Bockshorn" gebrauchte, durch das dann Menschen und Tiere zum Erreichen ihrer Läuterung und Unverletzbarkeit gejagt wurden. Oder es handelte sich beim Bockshorn um das Gestell, in das man Böcke zum Kastrieren hinein trieb. Auch könnte ein Folterwerkzeug gleichen Namens gemeint sein, womit den Gefolterten aufs Schmerzhafteste die Glieder verrenkt wurden. Vielleicht stand für die Redensart auch der alte Rechtsbrauch Pate, bei dem ein Schuldiger in ein Bocksfell, althochdeutsch *bokkes hamo* (= Bockshemd), gesteckt wurde und darin seine Sündenregister vorgelesen bekam. Aus dem *hamo* wurde durch Verballhornung vielleicht das Horn. Oder es war die Fluchformel „Box Zorn", gleich „Potz Blitz", die der Volksmund anstelle von „Gottes Zorn" verwendete, um nicht im Namen Gottes zu fluchen, aus der das „Bockshorn" entstand. Und schließlich findet sich für das Bockshorn sogar noch eine botanische Erklärung. So nennt man in einigen Gegenden die an Bockhörner erinnernden Hülsenfrüchte des Bockshornklees, die nicht nur ihrem Vorbild optisch ähneln, sondern sogar nach „Bock" riechen. Wer durch ein solch stinkendes Bockshornkleefeld gejagt würde, wäre tatsächlich in einer wenig beneidenswerten Lage. Wie dem auch sei: Letztlich macht das Rätsel um ihre Herkunft diese Redensart so interessant. Wobei der Bock noch zu viel mehr herhalten muss. Vom „den Bock melken" für etwas Unmögliches versuchen, über „den Bock zwischen die Hörner küssen können" für besonders dünne Menschen bis zum „sturen, störrischen oder geilen Bock". Wobei Letzteres wohl keiner weiteren Erklärung bedarf.

Mühsam ernährt sich das **Eichhörnchen**

Viele Wenig machen auch ein Viel

Diese bekannte Redensart wird beispielsweise beim Skat immer dann gerne verwendet, wenn einem Spieler nur kleine Stiche gelingen. Es spricht für die Beliebtheit dieses unverwechselbaren Tierchens aus der Ordnung der Nagetiere, dass man gerne seinem auffälligen Tun zuschaut. Geschickt klettert das Eichhörnchen stammaufwärts und hüpft von Ast zu Ast, um an seine Lieblingsnahrung, Baumsamen aller Art, zu gelangen. Und die haben entweder eine harte Hülle, die es zu knacken gilt, wie etwa Walnüsse, Bucheckern, Haselnüsse, Eicheln, Ross- und Edelkastanien, oder ihre winzigen Kerne verstecken

sich hinter Samenschuppen, wie bei den Tannen-, Fichten- und Kiefernzapfen, die sich erst durch Abreißen und Benagen erfolgreich befreien lassen. Obwohl Eichhörnchen außer Baumsamen auch noch Triebe, Beeren, Obst, Rinde, Knospen, Pilze, Vogeleier, Jungvögel, Kerbtiere und Schnecken verzehren, ist ihre Sammeltätigkeit, bei einem täglichen Nahrungsbedarf von 35 Gramm im Winter und bis zu 80 Gramm im Frühjahr doch sehr aufwändig. Mühsam erscheint vor allem die Suche des Eichhörnchens im Winter nach den Vorräten, die es während der herbstlichen „Erntezeit" im Boden vergraben, in Baumhöhlen und Rindenspalten versteckt oder in Astgabeln eingeklemmt hat. Das flinke Tier „merkt" sich seine Verstecke nicht sonderlich gut, sondern sucht, wenn sich in den Wachphasen der große Hunger einstellt, unplanmäßig und hauptsächlich nach vorgegebenen Suchschemata sowie vom Geruchssinn geleitet, nach der gehorteten Nahrung. Eine Tätigkeit, die dem menschlichen Beobachter mühsam erscheint und dennoch Sinn macht: Was hätte das Eichhörnchen davon, wenn es große Nahrungsmengen an einem Platz deponieren würde, der von einem Nahrungskonkurrenten leichter entdeckt und ausgeräubert werden könnte? Schließlich stammt auch die Redewendung „Aktion Eichhörnchen" von der Sammel-, Versteck- und Horttätigkeit dieser putzigen und allseits beliebten Tiere. Besonders fleißige und eifrige Menschen bedenkt man deshalb im Saarland mit dem Spruch: „Dat es e Kerl wie en Eicherling!"

Der Teufel ist ein **Eichhörnchen**

Die Tücke des (kleinen) Objektes

Manch eine harmlos wirkende Situation birgt eine böse Überraschung in sich. Wenn alles glatt zu laufen scheint, uns aber ein schwer zu beschreibendes, ungutes Gefühl dabei beschleicht, verwenden wir gerne gerade diese Redensart. So wie das harmlos scheinende Eichhörnchen wegen seiner roten Fellfarbe, seinem plötzlichen Auftauchen und seiner äußersten Gewandtheit schon vor Jahrhunderten völlig unbegründet zum Symbol des Teufels wurde – nach altem Volksglauben schlüpft der Teufel gern in die Gestalt des Eichhörnchens, um einem Menschen zu schaden. Der Teufel steckt halt manchmal als Tücke des Objektes im Detail.

Wie ein **Elefant** im Porzellanladen

Feinfühligkeit der anderen Art

Wer sich extrem ungeschickt bis extrem unachtsam-tölpelhaft benimmt, verhält sich „wie ein Elefant im Porzellanladen". Die reichlich übertreibende Metapher beschreibt eine Situation, die es vermutlich noch nie gegeben hat. Allerdings kommt es in Afrika tatsächlich schon einmal vor, dass ein Elefant in die typischerweise nach allen Seiten offene Lobby einer Nationalpark-Lodge eindringt und dann zum Entsetzen aller Umstehenden ein wenig Unordnung schafft. Die Redewendung ist international gebräuchlich. Während man das betont plumpe und rücksichtslose Auftreten im Englischen mit „like a bull in a china-shop" umschreibt, heißt es auf französisch „se conduire comme un éléphant dans un magasin du porcelaine". Womit man den beeindruckenden Vertretern der Rüsseltiere, ob Indischer oder Afrikanischer Elefant, allesamt Unrecht tut. Trotz ihrer gewaltigen Größe sind Elefanten äußerst sensible Wesen, und das nicht nur in ihrer Umgangsweise untereinander, sondern auch im „Auftreten". Mit ihren bis zu kuchentellergroßen Fußplatten belasten selbst schwerste Bullen jeden Quadratzentimeter mit nicht mehr als 600 Gramm, während jedes leichtgewichtige Fotomodell mit mindestens zwei Kilogramm Druck je Quadratzentimeter Stöckelschuh den Laufsteg belastet. Wie feinfühlig zudem Elefanten sind, zeigt sich, wenn sie im Zirkus über eine oder mehrere am Boden liegende hübsche Damen schreiten, ohne ihnen auch nur ein Haar zu krümmen. Apropos Haar: Die langen, über den Körper verteilten Borstenhaare der Elefanten fühlen auch das noch, was ihre Augen nicht wahrnehmen können.

Und dennoch scheint sich manchmal einer von ihnen wie im Porzellanladen aufzuführen. Schuld daran ist die „Musth", ein Zustand, in den erwachsene Bullen regelmäßig geraten. Während ihnen dabei ein teerartiges, klebriges Sekret aus den angeschwollenen Schläfendrüsen läuft, sind sie erhöht aggressiv und für uns Menschen unberechenbar. Seit Anbeginn der Elefantenkulturen war das Phänomen „Musth" bekannt: „Geilheit, Behändigkeit und Duft, Gangart und Geruch des Leibes, Zorn, Kraft und Furchtlosigkeit sind die acht Eigenschaften des Rausches", schreibt Somayaii Nilakantha (1444–1544). Dieser rauschartige Zustand bietet den Bullen vorübergehend entscheidende Vorteile für eine erfolgreiche Paarung mit den Weibchen: erhöhte Kraft, Ausdauer und Geschicklichkeit. Doch wer besonders geschickt ist, kann zwar ein (potenter) Elefant in Steppe und Urwald, nicht aber im Porzellanladen sein.

Aus der Mücke einen **Elefanten** machen

Unbedeutendes unangemessen aufblähen

Wer stark übertreibt, indem er etwas ziemlich Bedeutungsloses maßlos aufbauscht, macht aus einer Mücke einen Elefanten. Übrigens entstehen schon sehr lange aus Mücken Elefanten. Die Redensart war schon im alten Griechenland gebräuchlich und sowohl Erasmus von Rotterdam („Elephantum ex muscam facis"; *musca* bedeutet Fliege) wie auch Hans Jakob Christoffel von Grimmelshausen (1622–1676) bekannt, der sie in seinem *Simplicissimus* mit einer anderen zusammenfügt: „Woraus ich lernete, dass die Verwunderung aus der Unwissenheit entstehe und dass man aus der Muck einen Elephanten macht, ehe man weiß, dass der Berg mir eine Mauß gebären werde."

Der Elefant als größtes Landtier der Erde war eben der rechte Gegenpart zu etwas unbedeutend Erscheinendem wie einer Fliege oder Mücke. Im gleichen Sinne wird aus einem Maulwurfhaufen ein Berg, aus einem Bach ein großer Strom, aus einem Floh ein Kamel, aus einer Kloake eine Burg und – um im Kloakenmilieu zu bleiben – aus einem Furz ein Donnerschlag!

Störrisch wie ein **Esel**

Kaum beherrschbar

Obwohl der Esel als Haustier dem Menschen schon länger als das Pferd dient, mit frühesten Nachweisen aus Mesopotamien um 3100 v. Chr., dichtete man ihm zu allen Zeiten nur Unschönes an. „Dummer Esel" oder „alter Esel" sind klassische Schimpfwörter. Dieser geduldige, oft genug geschundene Lastenträger wurde zum Synonym für Dummheit und Torheit des Menschen. Dabei entpuppen sich alle dem Esel angedichteten negativen Eigenschaften als Fehlinterpretationen seiner ihm eigenen Verhaltensweisen. Obwohl sie zur Pferdefamilie gehören und als Herdentiere leben, bewahren Esel weit mehr ihre Individualität und Eigenständigkeit als Pferde, die sich viel leichter ein- und unterordnen können. Esel setzen ihre Hufe nur dorthin, wo der Boden trägt. Sie reagieren selbst in der Gruppe beim Erschrecken nicht spontan und kennen auch keine Panik. Auf steilsten und schmalsten Pässen sind sie zuverlässige Reit- und Lasttiere, die von selbst anhalten, wenn sie eine Gefahr erkennen. Vermenschlichung, Unkenntnis und menschliche Überheblichkeit sind auch in diesem Fall die Ursachen für eine falsche Beurteilung eines Tieres aufgrund seines Aussehens oder seiner Verhaltensweisen. Im Falle des Esels hat es kein geringerer als Mark Twain in „Wilson, der Spinner" („Pudd'nhead Wilson") 1893 auf den Punkt gebracht: „Es gibt keinen Charakter, mag er noch so gut und edel sein, der nicht durch Spötteleien, mögen sie noch so armselig und geistlos sein, verleumdet werden kann. Man betrachte zum Beispiel den Esel:

Sein Charakter ist beinahe tadellos, seine Intelligenz ist der aller geringeren Tiere überlegen, doch seht, was Spötteleien aus ihm gemacht haben. Statt dass wir uns geschmeichelt fühlen, wenn man uns einen Esel nennt, fühlen wir uns beunruhigt." Mark Twain sei im Namen aller Esel gedankt!

Wo sich die **Füchse** gute Nacht sagen

Massenhaftigkeit oder Einsamkeit?

Hier ist es wohl ziemlich einsam, will die Redensart uns sagen. Im *Simplicissimus* des Hans Jakob Christoffel von Grimmelshausen (1622–1676) sind es anstelle der Füchse die Wölfe: „Im Spessart, allwo die Wölfe einander gute Nacht geben." Gemeint ist damit, dass Wölfe, Füchse und der später in der Redensart „wo sich Fuchs und Hase gute Nacht sagen" hinzugekommene Meister Lampe die Nähe menschlicher Ansiedlungen meiden.

Doch dieses Verhalten trifft für alle drei Arten so längst nicht mehr zu. Der Feldhase als ursprünglicher Steppenbewohner erreicht bei uns seine höchsten Populationsdichten in Ackerbaugebieten mit hoher Bodenqualität und warm-trockenem Klima. Solche „Zuckerrübenböden" finden sich beispielsweise in der Rheinebene, einer ziemlich dicht besiedelten und damit alles andere als einsamen Gegend. Und während die Wölfe in vielen Regionen aus gutem Grund durchaus respektvollen „Sicherheitsabstand" zu ihrem größten Feind, dem Menschen, einhalten, überleben sie in Italien an Mülldeponien und suchen beispielsweise auch in Rumänien längst im Stadtmüll nach Nahrung in Ermangelung ihrer Hauptbeute, den größeren wilden Huftieren. Insofern darf man gespannt sein, wie die unterdessen in der Lausitz lebenden, von Osten zugewanderten Wölfe sich künftig verhalten werden. Füchse schließlich sind längst zu richtigen Stadtbewohnern geworden. Von London bis Berlin sagen sie sich mitten in den Großstädten, in Parks und selbst auf Parkplätzen, gute Nacht.

(Zusammen-)**Hamstern**

Sammeln und horten

Das hervorstechendste Merkmal des heimischen Feldhamsters (*Cricetus cricetus*) ist seine Vorratswirtschaft. In seinen Backentaschen trägt das 220 bis 460 Gramm leichte, bunt gefärbte Tierchen in jeder Sommersaison ein bis zwei Kilogramm, gelegentlich sogar bis zu 15 Kilogramm Vorräte in Form von Getreidekörnern in seinen unterirdischen Bau. Während kurzer Unterbrechungen seines von September bis Februar dauernden Winterschlafs im Hamsterbau unter der Erde zehrt er davon, um dennoch bis zum Frühjahr zwischen 20 und 30 Prozent seines Körpergewichtes zu verlieren.

Das Sammeln und Vorräte anlegen dieses Nagetiers wurde zum Synonym für die menschliche Vorratswirtschaft, eben zum Hamstern. Bis heute sind zu Zeiten, in denen bestimmte Ressourcen knapper werden, die so bezeichneten „Hamsterkäufe" von Lebensmitteln bis zu fossilen Brennstoffen üblich. „Zusammenhamstern" hat aber auch einen etwas asozialen Touch: Wer selber viel hamstert, enthält anderen etwas vor. Besonders dann, wenn er nachher nicht bereit ist, seine Vorräte mit anderen zu teilen. Und da sind manche Menschen „ganz Hamster", weil ebenso ungesellig wie *Cricetus cricetus*.

Da liegt der **Hase** im Pfeffer

Das Problem ist erkannt

Wenn er darin liegt, ist er schon längst tot, gehäutet, in einer würzigen Brühe zubereitet (Hasenpfeffer) und wartet auf seinen Verzehr. Schon seit dem 13. Jahrhundert gibt es über diese Redensart schriftliche Belege. „Keiner aber weiß, wo der Haas im Pfeffer liegt, als der ihn angerichtet oder helfe essen", schreibt Philander. Ursprünglich wollte man mit dieser Redensart wohl andeuten, dass da ein Unglücklicher so richtig in der Patsche sitzt, dem nicht geholfen werden kann – ein Bild, das so ähnlich auch mit der eingebrockten Suppe gezeichnet wird, die jeder selber auslöffeln muss. Heute meint man mit dieser Redewendung wohl eher den Kern eines Problems, auf den es ankommt. Erkannte Schwierigkeiten lassen sich halt besser umschiffen oder lösen als unerkennbare.

Solange der Hase noch lebt, war es für den Jäger wichtig zu „wissen, wie der Hase läuft". Schließlich haben Hasen als Fluchttiere mit Laufgeschwindigkeiten von bis zu 70 Stundenkilometer ihre eigene Technik, den zahlreichen behaarten, weniger behaarten und gefiederten Fressfeinden, wie Raubsäuger, Jäger und Greifvögel, zu entgehen: Sie schlagen Haken. Wer die wechselnde Fluchtrichtung dabei vorausberechnen kann, der hat dennoch so gut wie gewonnen und darf – schon mal voraussehend – den „(Hasen-)Braten riechen".

Mein Name ist **Hase**

Ich weiß rein gar nichts

Während bis jetzt immer die tierischen Vorbilder für hasenhaftes Verhalten herhalten mussten, hat die obige Redensart gar nichts mit irgendwelchen Eigenschaften der Hasentiere zu tun. Vielmehr war es ein Heidelberger Student mit Namen Viktor Hase, der einem Kommilitonen die Flucht nach Frankreich ermöglichte. In den Erinnerungen seines Bruders hört sich die Geschichte so an: „Ende des vorigen Semesters 1854/55 hatte mein Bruder (Viktor) einem Studenten einen Dienst erwiesen. Dieser hatte das Unglück gehabt, im Duell einen anderen zu erschießen, war auf der Flucht nach Heidelberg gekommen, von wo er in Straßburg über die französische Grenze wollte. Dieser Student wandte sich an Viktor um Zuflucht und Hilfe. Nun war jeder Missbrauch der Studentenlegimitationskarte streng verboten, aber es ließ sich nicht verbieten, die Karte zu verlieren. Viktor verlor sie, jener fand sie, kam glücklich über die Grenze und ließ die Karte wieder fallen. Sie wurde gefunden und als verdächtig dem Universitätsgericht übersandt. Zur Untersuchung gezogen, äußerte sich der junge Jurist sofort: ‚Mein Name ist Hase, ich verneine die Generalfragen, ich weiß von nichts!'" Kein Wunder, dass der clevere Spruch eines „harmlosen Hasen" schnell die Runde machte. Auch wenn die Auskunft nicht ganz „hasenrein" war.

Und damit sind wir beim Jäger und dem Gejagten zurück. In der Waidmannssprache ist ein Hund dann „hasenrein", wenn er für die Hühnerjagd ausgebildet wurde und dabei keinen Hasen hetzt. „Nicht ganz hasenrein" können Hasen jagende Hühnerhunde, bestimmte, verdächtige Dinge oder auch manche Menschen sein.

Der ist ein **Hasenfuß**

Bloß schnell weg!

Bis zum 14. Jahrhundert war der Hasenfuß (mittelhochdeutsch *hasen vüz*) Ausdruck für einen schnellen Läufer. In England ist heute noch „hare foot" eine anerkennende Umschreibung für einen guten Läufer, und beim Kinderbuchautor Janosch liest man vom „Hasen mit den schnellen Schuhen". Dagegen hat sich bei uns das Bild des Hasenfußes im Verlauf der Geschichte grundlegend gewandelt. Von Goethe bis Schiller sind Hasenfüße unsichere Menschen ohne Courage. Oft haftet ihnen dabei auch noch etwas Albernes oder Geckenhaftes an. „Angsthase" zielt in die gleiche Richtung. Wer mit diesen Eigenschaften ausgestattet ist, „ergreift" schnell „das Hasenpanier". Er läuft davon und sucht sein Heil in der Flucht. Wobei das tierische Vorbild noch seinen Schwanz mit der reinweißen Unterseite, die so genannte Blume, wie ein Banner in die Höhe reckt. Ein echtes „Hasenherz" eben! „Und das schreckt dich, Hasenherz?", wird der Feigling in Schillers „Räuber" abgetan. Dagegen zollen wir „alten Hasen", souveränen Menschen mit langjähriger Erfahrung, unseren vollen Respekt.

Bekannt wie ein bunter **Hund**

Den kennt wirklich jeder

Wenn man so über jemanden spricht, kann der/die Betreffende sicher sein, einen hohen, allerdings nicht unbedingt erstrebenswerten Bekanntheitsgrad zu besitzen. Eine Person, die bekannt ist wie ein bunter Hund, fällt auf, so wie uns ein mehrfarbig gezeichneter Hund aus der Masse der ein- oder zweifarbigen (eventuell monochrom straßenköterblonden) Vierbeiner ins Auge springt. Zumal der Hund von seinem Ursprung her ein einfarbiges Fell trug und auf den Namen Wolf hörte. Von ihm, der am weitesten verbreiteten Wildtierart unter den Säugetieren, stammen alle ab: die Jagd-, Schlitten-, Wach-, Hüte-, Spür- und Schoßhunde. Zu keinem anderen Haustier hat der Mensch eine so enge und emotionale Beziehung entwickelt wie zum Hund. Beide leben seit dem ausgehenden Eiszeitalter zusammen. Alles begann wohl mit nur wenige Wochen alten Jungwölfen, die Jäger auf ihren Streifzügen fanden und zu ihren Wohnplätzen mitnahmen. Als Rudeltiere mit hoch entwickeltem Sozialverhalten und deutlichen hierarchischen Strukturen wurden die Wölfe Mitglieder der menschlichen Jäger- und Sammlergruppen. Die gezähmten Wölfe pflanzten sich wohl auch im Bereich der menschlichen Wohnplätze fort, wobei eine gelenkte Zucht, an deren Ende der domestizierte Hund stand, erst viel später erfolgte.

In den Redensarten spiegelt der Hund sowohl das Bild des Elenden, Feigen und Falschen wider, als auch das von Wachsamkeit und Treue. Allein die Liste der Hundeschimpfwörter ist lang und reicht von

Lumpen- über Himmel- und Höllenhund bis zu blöder, feiger, frecher und scharfer Hund. Hundsgemein, hundeelend, hundeschlecht, hundemüde, Hundeleben, Hundewetter sind weitere Umschreibungen für unangenehme Zustände und Situationen. Die dualistische Betrachtungsweise ist Ausdruck der Beliebtheit wie der Kenntnis unseres Haustiers Hund: Sie sind zwar unsere treuesten Begleiter, werden von uns aber immer auch dominiert und kehren – oft genug geschlagen, getreten und schlecht behandelt – ihrem Hunde(Wolfs)verhalten folgend dennoch winselnd zu uns zurück.

Da liegt der **Hund** begraben

Das Übel ist lokalisiert

Mit diesem Vergleich drückt man Folgendes aus: „Das ist die Ursache des Übels, der Schwierigkeiten, darauf kommt es an". Die Herkunft der Redensart ist zweifelhaft. Vielleicht wird damit auf den schwarzen Schatzhüterhund in der Volkssage Bezug genommen. Der schwarze Hund könnte auch an Stelle des Teufels als Schatzwächter stehen, der ja häufig Hundegestalt annimmt. Widersprüchlich bleibt aber, warum anstelle des Schatzes der Schatzhüter dort begraben liegen soll. Wusste man, wenn man den Ort kannte, wo der Hund begraben war, um etwas Besonderes, vielleicht ein Geheimnis? Nicht selten soll der Geizige nach seinem Tod in Hundegestalt Schatzgräber von seinem vergrabenen Reichtum abgeschreckt haben.

Dicker **Hund**

Eine gigantische Fehlleistung

Damit ist keineswegs ein zu gut genährter, bewegungsarmer Vierbeiner gemeint. Ein „dicker Hund" (= *canis crassus*) ist vielmehr, wenn sich einer einen groben Fehler oder ein Fehlverhalten leistet, die zum Nachteil für andere gereichen. Zwar ist die Redensart vom „dicken Hund" wohl erst im 20. Jahrhundert in akademischen Kreisen aufgekommen, vielleicht hat sie dennoch ihren Ursprung im Mittelalter. Da galt es als schwere Beleidigung, wenn man als Gabe einen fetten (dicken) Hund hingeworfen bekam.

Den Letzten beißen die **Hunde**

Der Letzte ist das erste Opfer

Wie ihre wölfischen Vorfahren, sind Hunde von Natur aus Hetzjäger. Wölfe jagen sehr selektiv: Nur junge, sehr alte, kranke und geschwächte Beutetiere werden von ihnen bevorzugt angegriffen. Wenn ein Wolfsrudel oder eine Hundemeute ein Rudel Beutetiere hetzt, wird meist das aus obigen Gründen „letzte" Tier aus der Gruppe ihr Opfer. Und so geht es auch jemandem aus einem menschlichen Team, der als Schwächster der Gruppe von Konkurrenten, Kritikern oder Verfolgern „gebissen" wird.

Vor die **Hunde** gehen

Dem Untergang preisgegeben

heißt: verkommen, verludern. Krankes und schwaches Wild wird leichte Beute der Wölfe oder, wo diese fehlen, leichtes Opfer der (Jagd-)Hunde. Ähnlich geht es Menschen ohne Widerstands- und Willenskraft. Sie „kommen auf den Hund" und gehen in unserer Gesellschaft unter. Auch die Redensart „mit (von) allen Hunden gehetzt" hat jagdlichen Hintergrund. Wer erfahren und schlau ist, wie manches Beutetier, kann den hetzenden Hunden entkommen und sich allen Gefahren entziehen: eine Situation, die im Berufsleben leider häufig vorkommt, uns in Trab hält – und wenn wir sie meistern – auch schlauer und erfolgreicher macht.

Keine schlafenden **Hunde** wecken

Bloß kein Aufsehen erregen

Wer schlafende Hunde weckt, besonders wenn es nicht seine eigenen sind, muss damit rechnen, von ihnen nicht nur verbellt, sondern auch gebissen zu werden. Ähnlich kann es uns gehen, wenn wir die von unseren Absichten, unserem Vorhaben betroffenen Menschen unvorsichtigerweise auf etwaige

Unstimmigkeiten oder für sie damit verbundene Nachteile aufmerksam machen. Obwohl wir die darauf folgenden Reaktionen – Bellen und Beißen – durchaus verdient hätten! Ein ähnliches Bild wird bemüht, wenn es heißt „den Hund bös (wütend) machen", also jemanden reizen oder aufstacheln. Hierzu gibt es eine nette, satirisch gemeinte Abbildung aus dem 18. Jahrhundert, die sich gegen solche Frauen wendet, die ihre sanftmütigeren Männer durch Aufstacheln wütend (bös) machen. Nachdem man das „zij maekt den hond boes" auch im Niederländischen kennt, scheint es tatsächlich so zu sein, dass manche dominanten Frauen ihren unterwürfigen Mann (Hund) solange reizen, bis er bellt und beißt oder beides.

Heulen wie ein Schloss**Hund**

Völlig verzweifelt

Wer glaubt, dass damit ein blaublütiger Hund gemeint sei, ist auf dem Holzweg. Vielmehr ist es der angekettete, „angeschlossene" Hund, der sich als Rudeltier völlig allein gelassen fühlt und deshalb laut und anhaltend heult. Gott sei Dank gehört das Bild solcher bedauernswerten Kettenhunde heute meist der Vergangenheit an. Doch auch viele Zwingerhunde fühlen sich als „arme Hunde" und verleihen ihrer Verlassenheit lautstarken Ausdruck. Dem stehen manche Menschen in nichts nach.

Das passt wie der **Igel** zum Taschentuch

Das gehört einfach nicht zusammen

Herausragendes Merkmal des Igels ist sein Stachelkleid, bestehend aus etwa 16 000 graubraunen, zwei bis drei Zentimeter langen, ein Millimeter dicken Stacheln mit hellen Spitzen. Bei Gefahr rollt er sich durch ruckartiges Zusammenziehen seines Muskelpanzers zu einer Stachelkugel zusammen und wird so für die meisten seiner Feinde zu etwas Unantastbarem. Ausnahmen sind der Uhu und unser Auto. Als Taschentuch ist der Igel daher kaum verwendbar, auch nicht „zum Arschwisch" selbst in Damenhänden, so die derbere Form der Redensart aus dem 17. Jahrhundert. Es gibt halt Dinge, die sich nun einmal zu bestimmten Zwecken, wie z. B. als Putztuch (für die Nase oder andere Körperbereiche), überhaupt nicht eignen.

Ein **Kamel** durch ein Nadelöhr treiben

Das geht beim besten Willen nicht

Die Bibel verwendet stellenweise eine bemerkenswert bilderreiche Sprache: Das Kamel, das durch ein Nadelöhr passen soll (Matthäus 19,24), steht für etwas schlicht und einfach Undurchführbares. Welche der beiden Kamelarten des Vorderen Orients gemeint ist, lässt das Matthäus-Evangelium allerdings offen. Es könnte die zweihöckerige, auch Trampeltier genannte Art sein oder die einhöckerige, die man auch Dromedar nennt. Freilebend sind sie ausgestorben, aber als Haustiere bis heute häufig. Aber wieso gerade ein Nadelöhr?

Archäologen haben darauf aufmerksam gemacht, dass es in der Stadtmauer des alten Jerusalem eine im Volksmund Nadelöhr genannte Pforte gab, durch die nur ein Mensch, aber kein Lasttier passte. Das könnte den bildlichen Vergleich inspiriert haben. Möglicherweise ist bei der Übersetzung des griechischen Urtextes jedoch der Begriff *kamelon* (= Kamel) mit *kamilion* (= Schiffstau) verwechselt worden.

Sie vermehren sich wie die **Karnickel**

Beängstigende Fruchtbarkeit

Auch wenn heute vielerorts die Ein-Kind-Familie vorherrscht, gibt es noch genügend Ausnahmen. Manche Paare haben halt überdurchschnittlich viele Kinder. Wenn die Geschwister dann noch nahezu *post partum* gezeugt werden, pflegt man zu sagen: „Sie vermehren sich wie die Karnickel". Allerdings

pflegen die tierischen Vorbilder ein doch etwas anderes, als in unserem Kulturkreis übliches Familienleben. Kaninchen leben in haremsähnlichen Großfamilien, die aus einem Männchen, mehreren Weibchen und ihrer zahlreichen Nachkommenschaft bestehen. Innerhalb einer Sippe herrscht eine strenge Rangordnung. Zur Fortpflanzungszeit patrouillieren die Kaninchenmännchen die Grenzen ihrer Territorien ab. Wo Einschüchterungsversuche durch Imponiergehabe nichts nützen, können bei den Auseinandersetzungen zwischen den Konkurrenten auch schon mal kräftig die Haare fliegen. Brünstige Weibchen werden heftig umworben, indem die Männchen sie steifbeinig umkreisen, ihre „Blume" präsentieren und die Umworbenen mit Sexualduftstoffen und Urin betören. Beim Geschlechtsakt umklammert das Kaninchenmännchen das Weibchen und vollführt dabei ebenso heftige wie kurze Kopulastöße, die ihm den Namen „Rammler" eintrugen. Anschließend fällt er seitlich um und bleibt so manchmal für einige Sekunden reglos und offensichtlich erschöpft liegen. Bis zu neun Würfe pro Jahr mit maximal elf Jungen pro Wurf sind das Ergebnis der Karnickel-Liebesmühen. Die putzigen Wildkaninchen mit ihren kurzen Ohren, dem runden Kindergesicht und den großen Knopfaugen sind Stammeltern aller unserer unterschiedlichen Hauskaninchenrassen. Für die trifft das gleiche wie für ihre wilden Vorfahren zu. Auch sie vermehren sich, wenn man sie nur lässt, wie die Karnickel.

Alles für die **Katz**

Es half nichts

Obwohl Katzen ein ganz anderes Wesen verkörpern als Hunde, sind sie nach diesen wohl das Haustier, zu dem Menschen die engsten emotionalen Bindungen entwickelt haben. Ihre Domestikation erfolgte deutlich nach dem Hund und begann wohl damit, dass nach dem Sesshaftwerden des Menschen in Vorderasien die von Siedlungsabfällen und in Getreidespeichern lebenden Kleinnager hohe Anziehungskaft auf Wildkatzen ausübten. Während die herumstreunenden wilden Katzen zunächst lediglich geduldet wurden, förderte der Mensch wohl ihre Anwesenheit in seiner Umgebung, als man die positive Wirkung der Katzen als Schädlingsbekämpfer erkannte.

Die enge, emotionale Beziehung zu unserem „Haustiger“ schlägt sich in vielen bildlichen Redensarten nieder. So war „alles für die Katz“, wenn wir uns umsonst bemühten. Weil sie, anders als der Hund, in unseren Augen die ihr gewährten Annehmlichkeiten, wie etwa das Futter, so recht nicht dankt und sich nach Belieben schleicht, ist eben „alles für die Katz“ und nicht für den Hund daraus geworden. „Für die Katz“ oder „für den Hund“ sind auch die wertlos gewordenen Essensabfälle, die man den Haustieren zum Fraß vorwirft.

Die **Katze** im Sack kaufen

Vertrauen ist gut, Kontrolle aber besser

Die Geschichte wird uns erstmals bei Till Eulenspiegel erzählt, in der eine Katze im Sack, als Hase deklariert, ihren Besitzer wechselt. Der bildliche Vergleich, etwas unbesehen zu kaufen und sich danach kräftig zu ärgern, reicht von den Niederlanden („een kat in de zak kopen“) über Frankreich („acheter le chat en poche“) bis Italien („comprare la gatta in sacco“). Heute wird die Redensart auch häufig zur Begründung des vorehelichen Geschlechtsverkehrs eingesetzt: „Man(n) will doch schließlich keine Katze im Sack kaufen!“ Frau auch nicht! Wer aber „die Katze aus dem Sack lässt“, der gibt zu, dass er etwas Böses oder Gemeines vorhatte, als er sie in den Sack steckte. Das muss sich nicht unbedingt darauf beziehen, dass er die Katze als „Mogelpackung“ verkaufen wollte. Katzen wurden schließlich auch zum Ertränken in einen Sack gesteckt. Der Träger könnte sie aus Einsicht oder eher wohl noch aus Unvorsichtigkeit vor der Tat wieder herausgelassen haben.

„Loss emol de Katz us em Sack“ bedeutet im ripuarisch-fränkisch sprechenden Rheinland (Großraum Köln) eventuell zu Recht argwöhnend: „Nun zeige doch erst einmal, was du eigentlich (vor mir) verbirgst.“

Da beißt sich die **Katze** in den Schwanz

Immer im Kreis und ohne Fortschritt

Wer hat noch nicht mit großer Freude verspielten jungen Kätzchen zugeschaut? Hinter allem was sich bewegt, rennen sie hinterher und versuchen, es zu erhaschen. Egal ob es sich um ein Wollknäuel, ein kleines Bällchen, die Spielmaus oder einen wandernden Lichtfleck an Boden und Wand handelt. Wenn sie beim Drehen um die eigene Achse plötzlich ihr Schwänzchen vor sich sehen, wird selbst dieses attackiert und vorsichtig hineingebissen. In der Redensart bringt solches Tun den Handelnden nicht weiter. Für die Entwicklung der Kätzchen zur Katze macht es dennoch einen Sinn. Schließlich dient das ausgiebige Spielen, einschließlich das sich selber in den Schwanz beißen, zum Schärfen der Sinne und Üben von Jagdtechniken.

Die **Katze** lässt das Mausen nicht

Es ist so wie immer

Selbst bestbehütete und mit Fertigfutter verköstigte „Dosenkatzen" verspüren in sich den unstillbaren (Jagd-)Trieb auf Mäuse und andere Kleinsäuger. Wenn sich nur die Gelegenheit ergibt, wird aus der bravsten Sofakatze ganz plötzlich wieder die Mäusejägerin oder, zum Leidwesen vieler Naturfreunde, auch eine Vogeljägerin.

Aber geht es uns so ganz anders als unserer Katze? Auch wir leben oft mit angezogener Handbremse und unterdrückten Trieben. Doch wehe, wenn sie losgelassen oder los lassen …

Katzenjammer

Ungute Gefühle

Nach starkem Alkoholgenuss am nächsten Tag mit einem „Kater" aufzuwachen, ist ein Gefühl, das viele kennen und auf das (fast) alle gerne verzichten würden. Bekämpft wird dieser Zustand mit einer gehörigen Dosis Aspirin oder mit einem Rollmops. Wobei der Kater wohl eher die Kurzform von „Katzenjammer" ist, der ursprünglich „Kotzenjammer" hieß und die eingangs beschriebene Situation besser umreißt als jeder Katzenvergleich. Die Therapieansätze bleiben die gleichen.

Katzenwäsche halten

Säuberung im Sparmenü

Im Gegensatz zu Hunden scheuen die meisten Katzen das Wasser. Zumindest unsere Hauskatzen lecken sich aus Reinigungsgründen nur das Fell ab und sind erstaunlicherweise immer „top-clean". Wer so betont sparsam mit Wasser umgeht, hält eben eine „Katzenwäsche". Werden Katzen dagegen eher zufälligerweise einmal richtig nass, beispielsweise nach einem kräftigen Regenguss, sieht man ihnen das Unwohlsein geradezu an. „Nass wie eine Katze" fühlen wir uns bei unfreiwilligen, kälteren Duschen, etwa wenn wir selbst von einem Platzregen überrascht und bis auf die Haut durchnässt wurden. Dem entspricht das durchaus bedauernswerte Bild: „Du siehst aus wie eine Katze, die man durch den Bach gezogen hat".

Die Kuh vom Eis holen

Ein wertvolles Gut bergen

Dem Hausrind, dessen weibliche Ausgabe man üblicherweise Kuh nennt, verdankt der Mensch einen Großteil seines kulturellen Aufstiegs in der Nacheiszeit, was jedoch in den üblichen Kulturgeschichten kaum gewürdigt wird. Rinder waren in den frühen Ackerbaukulturen nicht nur besonders leistungsfähige Zugtiere, sondern versorgten schon die jungsteinzeitlichen Bauern mit Nahrungsmitteln und

lieferten schließlich noch allerhand technisch nutzbare Materialien wie Horn und Leder. Kein Wunder, dass die Kuh in zahlreichen sprichwörtlichen Redensarten auftritt, und zwar eigenartigerweise in zweierlei Hinsicht: einmal als wertvoller Besitz, zum anderen aber auch als angeblich ungeschicktes, dummes, plumpes Wesen.

„Du dumme Kuh" ist von den verbreiteten, wenngleich überhaupt nicht salonfähigen und geradezu chauvinistisch-uncharmanten Bezeichnungen speziell für – pardon – weibliche Personen die vergleichsweise harmloseste. Von gleichem Kaliber ist die Bezeichnung „fette Kuh" für erkennbar adipöse Damen mit auffälligen Rundungen an den falschen Stellen – Vertreterinnen dieser Spezies, die man in Frankreich weitaus verständnisvoller als „femmes fortes" bezeichnet. Stolziert eine Vertreterin der Damenwelt ziemlich heftig aufgedonnert umher, fängt sie sich eventuell das Kompliment „bunte Kuh" ein oder man bescheinigt ihr „einen Geschmack zu haben wie eine Kuh". Im Schwäbischen setzt man noch eins drauf: „Narrete Küh hend spinnete Kälble".

„Die Kuh vom Eis holen" gehörte ursprünglich wohl zur letzteren Kategorie und meinte, eine vielleicht etwas ungeschickte und womöglich betont vollschlanke Dame aus einer prekären Situation befreien. Vor allem im neueren journalistischen Sprachgebrauch findet sich der Ausdruck häufig und natürlich personenneutral für die Lösung oder Entschärfung eines schwierigen Problems. Wie die Kuh überhaupt aufs Eis geriet, lässt die Redensart allerdings offen.

„Die Kuh fliegen lassen" ist ebenfalls eine neuere Wendung und bedeutet, ausgiebig bis ausgelassen zu feiern. „Davon versteht er soviel wie die Kuh vom Sonntag" attestiert blankes Nichtskönnen, und „wie die Kuh vor dem neuen Scheunentor" (so schon bei Martin Luther) steht jemand völlig baff vor einer unbekannten Aufgabe.

Das geht auf keine **Kuh**haut

Einfach zu viel

Papier ist zwar eigentlich schon eine recht alte Erfindung (angeblich in China schon aus dem ersten nachchristlichen Jahrhundert bekannt), kam aber in Europa erst in der Neuzeit in Gebrauch. In mittelalterlicher Zeit hielt man nur wirklich Wichtiges, wie Verträge und Urkunden, auf einer dauerhaft beschreibbaren Unterlage fest, und dazu diente Pergament, das man aus besonders präparierten

Tierhäuten gewann. Meist verwendete man dazu wegen der leichteren Verarbeitung vor allem die Häute von Kälbern und Schafen.

Vom Bild der fleißigen Mönche, die in ihren klösterlichen Schreibstuben kirchliche Schriften auf Pergament übertrugen, entwickelte der fromme Volksglaube die treuherzige Vorstellung, der Teufel führe über die Verfehlungen eines Menschen minutiös Buch und halte sein Sündenregister auf einem Pergament fest, damit dieses später – und spätestens beim Jüngsten Gericht – gleichsam als Beweismittel gegen ihn verwendet werden könne (vgl. Offenbarung 20,12). Auf einem bezaubernd schönen romanischen Säulenkapitell der Eingangshalle zur Abteikirche Maria Laach in der Osteifel ist ein charmant grinsendes Teufelchen dargestellt, welches akribisch die Sünden der Vorübergehenden auf einer Pergamentrolle notiert. Wenn die Schreibfläche in üblicher Kalbs- bzw. Schafspergamentgröße für die laufend notwendigen Einträge nicht ausreicht und das Sündenregister nicht einmal auf eine Kuhhaut passt, muss der Betreffende wohl ein arger Missetäter gewesen sein.

Heute verwendet man die Redensart eher im Sinne von unzumutbar, unbeschreiblich oder schlicht zu viel. Im Schwäbischen sagt man über jemanden, der mal wieder kein Ende findet: „Der schwätzt e ganze Kuhhaut voll". In St. Georg in Oberzell/Reichenau zeigt ein Wandfresko aus dem 14. Jahrhundert eine von vier Teufeln gehaltene Kuhhaut und darüber die Köpfe zweier schwatzender Frauen …

Sich in die Höhle des **Löwen** wagen

Ganz mutig sein

Wer Stärkeren mutig entgegentritt, wagt sich in die Höhle des Löwen. Dabei bleibt die Frage offen, ob der Mutige auch wieder heil herauskommt. Die beliebte Redensart hat ihren Ursprung in der berühmten Äsop'schen Fabel vom Löwen und dem Fuchs. Als der Fuchs einmal an dem krank in seiner Höhle liegenden Löwen vorbeikommt, antwortet er auf dessen Frage, warum er nicht näher trete: „Ich träte schon ein, wenn ich nicht sähe, dass so viele Spuren hinein, keine aber herausführt."

Der Fuchs hatte mithin die missliche Wahl, ob er „in die Höhle des Löwen geht" oder nicht. Wir haben sie manchmal nicht bei einer Höhlenbegehung, sondern wegen des ungewissen Ausgangs einer Sache. Biologisch wäre natürlich zu fragen, was denn eigentlich mit der „Höhle des Löwen" gemeint ist. Löwen sind generell Steppentiere und halten sich demnach nur in der offenen Landschaft auf. Höhlen gehören überhaupt nicht zu ihrem typischen Habitat. Die Biologie mancher Redensarten verträgt demnach fallweise nicht unbedingt den Schein der genauer betrachtenden Taschenlampe.

Augen wie ein **Luchs**

Unglaublich scharfsichtig

Bereits 1350 bewunderte Konrad von Megenberg (1309–1374) in seinem „Buch der Natur" die Scharfsichtigkeit des damals in Mitteleuropa noch weit verbreiteten Luchses: „Linx haizt ain luhs. Der hat so scharpfiu augen … daz er durch starch wend siht".

Wer sehr scharf sehen oder sehr genau beobachten kann, dem wird der Luchsvergleich zuteil. Als Beutegreifer und Pirschjäger brauchen Luchse erwartungsgemäß gute Augen und ein ausgezeichnetes Gehör. Wobei die Redensart vom „aufpassen wie ein Luchs" bzw. von „Luchsaugen haben" nicht allzu positiv gemeint ist. Sie wird eher auf zwar schlaue, zugleich aber etwas hinterlistige Menschen gemünzt, die uns beluchsen, um vielleicht auch etwas abzuluchsen.

Die sprichwörtlich scharfen Luchsaugen finden sich auch noch in einem kulturgeschichtlich bemerkenswerten anderen Zusammenhang: Als man erstmals im 17. Jahrhundert vergrößernde Linsen herstellen und daraus Lupen oder Mikroskope konstruieren konnte, lösten die neuen Instrumente überall große Begeisterung aus. Schon der angesehene böhmische Theologe und Reformpädagoge Johann Amos Comenius (1592–1670) schwärmte in seinem erstmals 1658 erschienenen naturkundlichen Lesebuch *Orbis Pictus* (Gemalte Welt) von der erstaunlichen Möglichkeit, die „Flöhe so groß wie Spanferkel" erscheinen lassen. Auch der berühmte Galileo Galilei (1564–1642) äußerte sich in einer um 1614 verbreiteten Mitteilung ähnlich und beteuerte, dass er durch seine Lupe (bzw. sein Mikroskop) „Fliegen so groß wie Lämmer" gesehen habe. Galilei war im Übrigen auch Mitglied der 1603 in Rom vom begeisterten Fürsten Federico de Cesi (1585–1630) gegründeten „Accademia di Lincei" (der Akademie der Luchsäugigen; sie besteht unter dem Namen *Accademia Nazionale dei Lincei* bis heute fort und ist damit die älteste private Vereinigung zur Förderung der Naturwissenschaften), die genau so scharf wie das damals schon sprichwörtliche Luchsauge beobachten konnten.

Da beißt die **Maus** keinen Faden ab

Roma locuta, causa finita

Der Entschluss steht unabänderlich fest, die Sache ist entschieden. Zur Erklärung dieser zunächst etwas schwer verständlichen Schlussformel, die das Ende einer Auseinandersetzung beschreibt, gibt es zwei Vorschläge: Zum einen soll sie sich auf eine Fabel von Äsop beziehen. Danach zernagt eine kleine Maus die Stricke eines Netzes, in dem ein Löwe gefangen sitzt, der zuvor die Maus wegen ihrer Winzigkeit verspottet hat – eine klare Ermahnung, niemanden gering zu achten, weil man ihn in der Not vielleicht doch noch einmal braucht.

Der zweite Erklärungsversuch setzt beim bäuerlichen Brauchtum an: Der 17. März ist der Tag der heiligen Gertrud von Nivelles und zugleich der Beginn des Frühjahrs, an dem die typischen Winterarbeiten eingestellt werden sollten. Wer am Gertrudentag immer noch spinnt, dem beißen die Mäuse den Faden ab oder fressen ihm den Flachs auf dem Feld. Bemerkenswert ist, dass die Redensart im Schwäbischen bis heute in doppelter Verneinung verwendet wird: „Do beißt koi Maus koi Fade ab", was wohl letztlich den gleichen Sinn ergibt.

Sie wirkt wie eine graue **Maus**

Animativ ist anders

Mit den Mäusen ist das manchmal schwierig. Aus sicherer Distanz oder auf einem Foto sehen sie ja recht nett und niedlich aus, aber wenn sich mal eine in die Küche verirrt, findet man manchen sonst ernst zu nehmenden Erwachsenen zitternd auf dem Tisch, den kalten Angstschweiß auf der Stirn und das blanke Entsetzen in den Augen. „Hast du eine Maus gegessen?" fragt man in Mecklenburg jemanden, der reichlich verdrossen bis völlig entnervt aussieht.

In ihrem Lebensraum sind Mäuse relativ schlecht zu erkennen, weil sie einerseits klein und andererseits mit ihrer Fellfarbe zwischen erd- und nussbraun perfekt getarnt sind. Auch wenn Rötelmaus oder

Gelbhalsmaus ein paar für Mäuse geradezu gewagte Farbnuancen ins Spiel bringen, sind sie von schrillen Warnfarben weit entfernt. Nur weiße und rotäugige Mäuse, denen aus genetischen Gründen jegliche Pigmentierung abhanden kam, fallen kontrastreich auf. Aber graue Mäuse? Keine der häufigeren heimischen Mäusearten ist mausgrau, nicht einmal im Zustand fortschreitender Vergreisung. Die einzige in Europa vorkommende Art, die zumindest im jahreszeitlichen Haarkleidwechsel ein paar Anklänge von Hellgrau (und damit ein „animatives Mausgrau" – vgl. Loriot) zeigt, ist die nur wenig bekannte, weil alpin verbreitete Schneemaus. Die kann aber bei der Begriffsbildung der kaum wahrnehmbaren Graumäusigkeit kaum gemeint gewesen sein. Vielleicht muss man die Bewertung der Mäuse nochmals überdenken. Fragen Sie einen Kollegen gelegentlich mal nach dem Unterschied zwischen einer grauen und einer süßen Maus …

Arm wie eine Kirchen**Maus**

In bitterster Armut leben

Meistens sind es Vertreter der Spezies Hausmaus, die in unsere Häuser eindringen, um sich gerne an den Vorräten in Küche und Keller zu bedienen. Gelegentlich fühlen sich auch andere heimische Mäusearten eingeladen, beispielsweise die Feldmaus oder die Rötelmaus. So niedlich, sympathisch und vorwitzig Mäuse in Geschichten und Comics dargestellt werden, so wenig sind sie als stille Teilhaber in der eigenen Wohnung willkommen.

Sollte sich nun eine Maus auf Nahrungssuche tatsächlich einmal in eine Kirche verirren, hat sie wohl ausgesprochenes Pech und endet womöglich in bitterster Armut, denn hier gibt es keine gefüllte Speisekammer und daher wirklich nichts zu beißen. In Frankreich verwendet man das gleiche Bild übrigens für die Ratte („gueux comme un rat d'église").

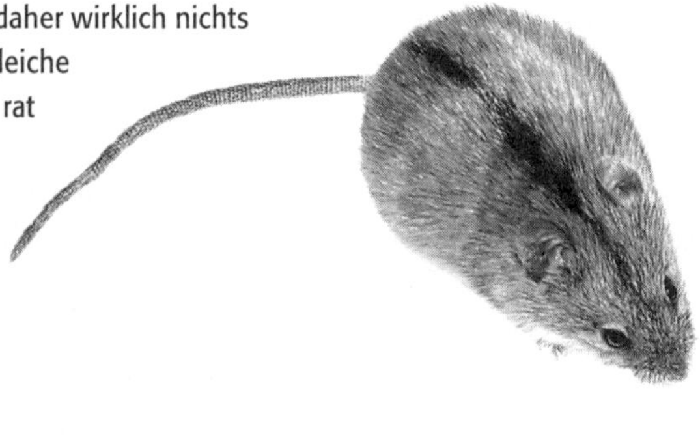

Es ist zum **Mäuse** melken

Total mühsam

Eine Kuh oder eine Ziege von Hand zu melken, ist meist schon schwierig genug, aber Mäuse melken ist offensichtlich eine ganz besondere Mühsal am Rande des Unzumutbaren oder des Unsinns, die zielgenau in die helle Verzweiflung treibt. Im Laborjargon bezeichnet man damit auch die schwierige und technisch fast schon unmögliche Suche nach kleinsten Substanzspuren.

In jüngster Zeit erhielt diese Redensart allerdings einen völlig neuen Hintergrund: Durch die Übertragung bestimmter menschlicher Gene auf Labormäuse gelang es tatsächlich, über die Mäusemilch in hoher Konzentration spezielle Wirkstoffe für die Behandlung von Stoffwechselkrankheiten zu gewinnen, für die sonst keine Arzneien zur Verfügung stehen.

Sich **mausig** machen

Unliebsam bis aufdringlich werden

Schon seit dem 16. Jahrhundert ist diese Redensart bekannt, mit der man heute eine unangenehme oder vorlaut-aufdringliche Auffälligkeit umschreibt. Vom Wortbild könnte der Begriff mit der Maus zusammenhängen, tatsächlich leitet er sich aber von der Mauser ab, dem regelmäßigen Federwechsel der Vögel, die wiederum auf das lateinische Wort *mutare* (= mausern, verändern) zurückgeht.

Speziell stammt das Bild aus der seinerzeit hoheitlichen Jagd mit Falken. Nach der Mauser, die sie für eine Weile flugunfähig machte, waren die Jagdfalken ausgesprochen agil und angriffslustig, womit sie für die Jagd auf Niederwild besonders gut geeignet waren. Beim mausigen, also kecken, übermütigen und lebhaften Falken voller Bewegungsdrang war der Begriff also noch durchaus positiv gemeint. Erst später tritt die Nebenbedeutung vom frechen, ungebärdigen Vordrängen in den Vordergrund. Das heutige Sprachgefühl verwischt gelegentlich die tatsächliche Bedeutung und zitiert die Maus. In Norddeutschland sagt man beispielsweise: „Wer sich mausig macht, den frisst die Katze" („Wer sik musig makt, den frett de Katt").

Wie ein **Ochse** vor dem Berg

Schlicht ratlos oder verdutzt sein

Wer „wie eine Kuh vor dem Scheunentor" oder wie ein Ochse vor dem Berg steht, sieht sich ratlos vor einer schwierigen Aufgabe oder Situation. Und wer anderen etwas erklären will, obwohl diese den Sachverhalt nicht verstehen können oder wollen – Letzteres kommt gar nicht allzu selten in der Schule vor –, dem geht es so, als ob er einem „Ochsen ins Horn petzen" würde.

Eine **Ochse**ntour unternehmen

Schwieriges bewältigen

Wer einen schweren Weg einschlägt, eine mühevolle Arbeit zu leisten hat, einen vorgeschriebenen, aber betont umständlichen Dienstweg einhalten muss oder sich in seiner beruflichen Laufbahn vielen Herausforderungen und Schwierigkeiten stellen muss, macht oftmals eine Ochsentour durch. Ähnlich ging es wohl den bedauernswerten Gespannochsen, die schwere Wagen auf schlechten Straßen, oft genug durch Schlamm, Matsch, Schnee und Eis, und auf jeden Fall bergauf und bergab unter Schlägen mit dem Ochsenziemer ziehen mussten.

Geschmückt wie ein Pfingst**Ochse**

Lächerlich herausgeputzt

Wer sich übertrieben anzieht und dabei auch noch geschmacklos aussieht, ist geschmückt und aufgedonnert wie ein Pfingstochse. Nach altem Brauch schmückte man beim Viehaustrieb auf die Weide das erste oder letzte Tier der Herde als Pfingstochse oder Pfingstkuh. Oft war es ein besonderes Wiesenstück, das bis Pfingsten unbenutzt blieb, um darauf die Tiere zu treiben, die sogenannte Pfingstweide. Mancherorts, wie etwa in Mecklenburg, wurde auch ein als Pfingstbraten bestimmter fetter Ochse vor seiner Schlachtung an Kopf, Hörnern und Schwanz bunt geschmückt und am Donnerstag oder Freitag vor dem Fest von den Metzgern herumgeführt – ein heute so nicht mehr üblicher Brauch, der an alte Schlachtrituale als Opferhandlungen erinnert. In Frankreich ist es der ebenfalls fette Fastnachtsochse („le boeuf gras"), der reich behangen und geschmückt in den letzten Fastnachtstagen von den Metzgergesellen durch die Straßen geführt wird oder als aufgeputzter Ochse die Spitze der Fronleichnamsprozession anführt. Solcherart Rituale sind menschlichen Pfingstochsen fremd. Die wirken einfach nur lächerlich bis peinlich.

Jemandem etwas vom **Pferd** erzählen

Von oben herab behandeln

hat nichts gemein mit „wie mit einem kranken Pferd (Gaul) reden". Wer Letzteres unternimmt, will gut zureden, Mut machen, jemanden wieder aufrichten. Pferdehalter wussten schon lange, dass ein krankes Pferd stirbt, wenn es sich hinlegt. Um es auf den Beinen zu halten, redeten sie im deshalb gut zu.

Das ist mit der heutigen Redensart nicht (mehr) gemeint. „Jemandem etwas vom Pferd erzählen" hat heute die Bedeutung „vom Pferd herab zu sprechen": Der Sprecher sitzt auf dem sprichwörtlich hohen Ross, blickt und redet mit einem gewissen Stolz aus dem erhabenen Gefühl, das ihm die Position hoch auf einem Pferd gibt – eben von oben herab. „Erzähl mir nichts vom Pferd!" ist die dazu passende Abwehrreaktion.

Als leistungsfähigster Mitarbeiter ist man andererseits für den Chef das „beste Pferd im Stall".

Keine zehn **Pferde** bringen mich hier weg

Auch eine stabilitas loci

Nur wenige Tiere haben die Kulturgeschichte so stark geprägt wie das Pferd und deswegen ist es auch in besonders vielen sprichwörtlichen Redensarten enthalten. Die meisten davon erklären sich von selbst: „Mit dem kann man ein Pferd stehlen", „das hält kein Pferd aus", „ich glaub' mich tritt ein Pferd", „er ist das beste Pferd im Stall" oder „das Pferd vom Schwanz aufzäumen" betonen den besonderen Wert dieser Tiere, aber auch ihre Kraft, die sie als Reit- und Zugtiere entfalten.

So lag es nahe, dass man nach der um 1780 erfolgten konstruktiven Verbesserung der Dampfmaschine durch James Watt (1736–1819) deren Leistung zur Pferdekraft in Beziehung setzte. Da es kräftige Ackergäule ebenso wie schlappe Klepper gibt, musste man dieses Maß normieren und definierte, dass die Leistung einer Pferdestärke (PS) dann vorliegt, wenn eine Masse von 75 Kilogramm in einer Sekunde einen Meter hoch gehoben wird. Seit 1978 ist dafür nur noch die Einheit Watt (W) zugelassen, wobei 1 PS = 736 W entspricht. Nun kann ein Kilogramm Muskelmasse maximal 100 Watt leisten. Ein 600-Kilogramm-Pferd mit etwa 180 Kilogramm Muskulatur könnte demnach kurzfristig sogar 24 PS leisten. Realistischer als solche Spitzenleistungen ist folgende Festlegung, die man 1926 traf: Danach soll ein gutes Pferd etwa zehn Stunden lang rund zehn Prozent seines Körpergewichtes mit einer Geschwindigkeit von vier Kilometer je Stunde ziehen können. Rechnet man diese Leistung auf die üblichen Einheiten um, kommt ziemlich genau 1 PS heraus. Wenn aber gar zehn Pferde nichts gegen meinen Beharrungswillen ausrichten können, bin ich also ziemlich massiv dagegen.

Wie ein begossener **Pudel** dastehen

Einen bedauernswerten Anblick bieten

oder gar pudelnass sein, beschreibt den erbarmungswürdigen Anblick des quietschfeuchten Tieres und bedeutet im übertragenen Sinne: kleinlaut, beschämt oder zerknirscht abziehen. Literarisch verbürgt ist dieses eindrucksvolle Bild bereits in einem Spottlied auf die Betroffenen, die man beim berühmten Prager Fenstersturz (der den Dreißigjährigen Krieg einleitete) 1618 etwas unsanft an die frische Luft gesetzt hatte, und außerdem lässt Friedrich Schiller (1759–1805) in seinem Drama „Die Räuber" (II, 3) einen Überfallenen zappeln wie einen nassen Pudel.

Interessant ist in allen diesen Redensarten der zunächst überraschende Zusammenhang von Pudel und Wasser. Speziell diese Hunderasse richtete man im 17. Jahrhundert vor allem in Norddeutschland auf die Wasservogeljagd ab, und bei der Verfolgung von Wassergeflügel gingen die Gelockten und Geschorenen wohl auch häufiger buchstäblich ins Wasser. Vom niederdeutschen *Pudel* (= Pfütze) bzw. *pudeln* (= „im Wasser" plätschern) erhielten sie schließlich ihren Rassenamen. Pudelnass erklärt sich demnach nicht vom triefenden Hund, der eine Pfütze hinterlässt, sondern umgekehrt vom Vierbeiner, den man in die Pfütze schickt.

Das also war des **Pudels** Kern

So sieht das folglich aus

Solche Szenen spielen sich immer wieder ab: Da steht ein smart gekleideter Wanderprediger mit Fragebogen in der Hand vor der Tür, möchte für die amtliche Statistik dies und jenes wissen, und plötzlich soll man sich zum Kauf einer Rheumadecke oder eines mehrjährigen Müsli-Abonnements entschließen. Dann fällt Ihnen möglicherweise die berühmte Szene aus Goethes Faust (Vers 1323) ein, die solche Überrumpelungsmanöver wunderbar kennzeichnet: Ein streunender Pudel, den der Gelehrte vom Frühlingsspaziergang mit seinem Assistenten Wagner mit nach Hause brachte, verwandelt sich – dieweil Faust tiefsinnige Überlegungen zur Bibelübersetzung anstellt – in seinem Studierzimmer in Mephisto, nämlich den Teufel persönlich.

Die Gestalt des Pudels hat Goethe (1749–1832) in Anlehnung an alte Volksmythen gewählt. Hier treten schwarze Pudel häufig als Spukerscheinung und Begleiter finsterer Mächte auf. Des sprichwörtlichen Pudels „wahrer Kern" erweist sich in der Redensart als die eigentlich interessante Hauptsache, die sich hinter mancherlei vernebelnden Ablenkungen und Verschleierungen tarnt, um dann etwas unvermittelt präsentiert zu werden.

Die **Ratten** verlassen das sinkende Schiff

Jetzt ist alles zu spät

Sie kamen mit Schiffen aus Südasien (vor allem Indien) in den Mittelmeerraum, um sich von hier aus über ganz Europa zu verbreiten und viel Unglück zu bringen: die schwarzen Wanderratten. Schiffstaue waren die idealen Einstiegshilfen für die klettergewandten, unheimlichen Nagetiere, die wegen ihrer regelmäßigen Häufigkeit an Bord auch Schiffsratten genannt wurden. Wenn Salzwasser in den Schiffsrumpf drang und so die Ratten aus ihren heimlichen Verstecken im Schiffsbauch vertrieb, waren sie die ersten, die sich nach oben aufmachten, um das Schiff zu verlassen. Das geschah oft schon Tage, bevor die Besatzung die Katastrophe bemerkte. So wie die Ratten, ziehen sich manche Menschen als Erste zurück, wenn sich die Umstände, von denen sie bisher meist schmarotzerhaft profitierten, nachteilig ändern. Doch solche Leute braucht kein Mensch!

Die **Sau** rauslassen

Das Benehmen lässt zu wünschen übrig

Trotz ihrer hohen Wertschätzung als Fleisch- und Fettlieferanten, galten Schweine allgemein auch als unrein, unflätig und lüstern. „Die (seine) Sau rauslassen" bedeutet schlechtes Benehmen und unflätiges Reden. Eine Beschäftigung, die besonders bei Männern, die in Gruppen auftreten und sich durch Verhalten oder Kleidung als „Vereinsangehörige" fühlen – so etwa vom Militär bis zum Sport- und Kegelclub –, von Zeit zu Zeit recht beliebt ist. In Goethes Faust I grölen die Studenten in Auerbachs Keller bezeichnenderweise: „Uns ist ganz kannibalisch wohl, als wie 500 Säuen!" (Vers 2293).

Wenn eine Sau quiekend durchs Dorf getrieben wird, fällt sie allen Mitbewohnern auf. So kann sich jemand wie eine „arme Sau" fühlen, der von und vor anderen bloßgestellt und vorgeführt wird.

Wie eine gesengte **Sau**

Unkontrolliertes Verhalten

benimmt sich ein unberechenbarer Mensch. Ein Schwein wird unberechenbar, wenn ihm gerade eine Marke (ein Kennzeichen) des Besitzers eingesengt (= gebrannt) wird, damit sie vom Schweinehirten nicht verwechselt werden kann. Dann läuft die Sau vor Schmerzen laut quiekend und wie besessen davon. Manch ein Auto- oder Motorradfahrer verhält sich so ähnlich im Straßenverkehr, und das ganz ohne ein frisches Brandzeichen.

Das schwarze **Schaf**

Unpassende Ausnahme

Bei gründlicher Suche ist es in (fast) jeder Familie zu finden. Das schwarze Schaf zeichnet sich durch eine vom Rest der Familiensippe abweichende Lebenseinstellung und -art aus, meist eine lockere, die nicht selten zu Konflikten mit geltenden Gesetzen (Rechtsnormen wie reine „Familiengesetze") führt. Schon bei 1 Moses 30,32 steht zu lesen: „Ich will heute durch alle deine Herden gehen und aussondern alle gefleckten und bunten Schafe und alle schwarzen Schafe und die bunten und gefleckten Ziegen ..." Die Bunten sind bei Schafen wie bei Hunden eher auffällige Ausnahmeerscheinungen. Wer dann noch Schaf heißt und schwarz (= böse) ist, der hat den Negativstempel weg. Dabei kann ein schwarzes Schaf durchaus das Salz in einer sonst faden „Familiensuppe" sein. Außerdem liefern gerade die schwarzen Schafe die Wolle für interessante Pullovermuster ...

Die **Schäfchen** ins Trockene bringen

Auf ein sicheres Ufer retten

Im übertragenen Sinn meint die Redensart, sich einen (geldwerten) Vorteil sichern. Ihren Ursprung hat sie im bäuerlichen Leben und insbesondere in der Schafzucht. Dabei haben Schafe dank ihres fettigen, wasserabweisenden Fells nur wenige Probleme mit der Nässe von oben. Wo sollte zum Beispiel ein Wanderschäfer seine Herde bei plötzlichem Starkregen denn auch schnell unterstellen können? Auf die richtige Spur führt uns von Rohr in seinem „Hauswirtschaftsbuch" von 1772: „Die sumpfigen Wiesen und Teichtriften sind den Schafen über die Maßen schädlich, aber die Weide auf hohen Feldern, Gehölzen und Bergen ist ihnen zuträglich". Was man damals noch nicht wusste: Auf sumpfigen, nassen Wiesen werden Schafe häufig vom gefährlichen (Kleinen oder Großen) Leberegel befallen, was zu hohen Verlusten durch Massensterben fühen kann. Wer eine trockene Wiese besitzt, oder sein(e) Schäfchen rechtzeitig ins Trockene treibt, hat sein Kapital in Sicherheit.

Den Amts**Schimmel** reiten

Unerfreulich bürokratisch

Damit ist wohl weniger der Schimmelpilz gemeint, der auf manch alten, unnötig lange liegengebliebenen Amtsakten „reitet". Die Redensart geht vielleicht auf die früheren, berittenen Amtsboten zurück, was nicht ganz unplausibel klingt, denn es ist die Verballhornung eines in Österreich gebräuchlichen, vorgedruckten Musterformulars „Simile" (= ähnlich), auf dem Angelegenheiten nach „Schema F" geregelt werden. Auch wenn heute berittene Amtsboten ausgestorben sind: Similes gibt es immer noch. Und „der Amtsschimmel wiehert" manchmal munter weiter, trotz Bürokratieabbau und angeblich bürgerfreundlicher(er) Verwaltung.

Schwein gehabt

Letztlich doch noch gut gelaufen

Noch mal eben Glück gehabt, meint diese Redensart. Wegen seiner betont bauchigen Gestalt wurde das (Haus-) Schwein seit dem 17. Jahrhundert zur liebsten Form der Geldaufbewahrung, eben zur Spardose in Gestalt eines Spar- oder Glücksschweins. Dabei halfen dem Haustier in Spardosenform zweifellos die symbolischen und echten Werte des Hausschweins für Glück, Fruchtbarkeit (Vermehrungsfähigkeit) und Wohlstand. Wer früher (ein) Schwein hatte, konnte sich glücklich schätzen, weil er nicht hungern musste.

Den **Stier** bei den Hörnern packen

Ein schwieriges Problem entschlossen angehen

Es darf in der verbreiteten Redensart durchaus auch ein Bock sein, den wir bei den Hörnern fassen. In beiden Fällen wird das Tier dort gepackt, wo es seine beste Wehrkraft besitzt. Im übertragenen Sinn sollte man die größten Schwierigkeiten bzw. den schwersten Gegner zunächst angehen, aus dem Weg räumen, um eine Sache oder ein Unternehmen erfolgreich weiter durchführen oder den einzig richtigen Weg weitergehen zu können. Schwierigkeiten die Stirn bieten, sich einem (einer) Wütenden zu stellen, braucht Mut, ist aber meist erfolgreicher und gibt mehr Selbstvertrauen als die Feigheit vor dem Feind.

Der **Wolf** im Schafspelz

Unheil in harmloser Verpackung

„Sehet euch vor vor den falschen Propheten, die in Schafskleidern zu euch kommen, inwendig aber sind sie reißende Wölfe". So treten nach Matthäus 7,15 Scheinheilige bevorzugt auf, von denen es bis heute nicht gerade wenige gibt. Besonders schön wurde das verlogene Wesen bei Julius Wegeler (1807–1883; „Philosophia Patrum") in einen Reim gegossen: „Oft aus Lammeshaut Wolfes Tücke schaut". Nehmen wir uns also eventuell in Acht vor in Schafsfell gehüllten Wölfen.

Durch den **Wolf** drehen

Zerkleinern bis zur Unkenntlichkeit

Im Neuen Testament liest man bei Matthäus 7,15 einen warnenden Hinweis auf reißende Wölfe als Bild eines Menschen mit üblen Absichten. Nun kann man der Bibel tatsächlich nicht unterstellen, nennenswerte Beiträge zur naturkundlichen Allgemeinbildung geleistet zu haben, und so ist auch das üble Bild vom Zähne fletschenden, gefährlichen Wolf stark revisionsbedürftig. Aber es wirkt nach und führte letztlich dazu, dass diese interessante Wildtierart in Mitteleuropa spätestens seit dem 19. Jahrhundert systematisch ausgerottet wurde, obwohl kein einziger vom Wolf verursachter Todesfall zweifelsfrei dokumentiert ist. Das ist eine durchaus interessante und gleichermaßen beruhigende Perspektive, da sich in Ostdeutschland mittlerweile wieder Wolfsfamilien angesiedelt haben. Und auch dies ist bedenkenswert: Wenn sich die Wolfsgene zum streichelzahmen Schoßhund entwickelt haben, stellt sich die Sache allerdings anders dar.

Den angeblich fürchterlichen Wolf, der alles zerreißt, was ihm in die Fänge gerät, missbrauchte man im 20. Jahrhundert als Bezeichnung für eine Fleischzerkleinerungsmaschine mit rotierenden Messern, die ein Stück Fleisch in Gehacktes bzw. Faschiertes zerlegt. Für den Hausgebrauch gab es diesen Fleischwolf zunächst in einer Ausführung mit Handbetrieb – betätigt durch eine Handkurbel. „Durch den Wolf drehen" bedeutet demnach, das Küchengerät nach Leierkastenmanier in Gang zu setzen und das Zerkleinerungsgut bis zur Unkenntlichkeit zu zerrupfen. Wenn man im übertragenen Sinne jemanden durch den Wolf dreht, meint man damit, ihn mit peinlichen Fragen zu attackieren oder mit harter Arbeit zu überhäufen. Auch unnachsichtige Kritiker drehen das Werk von Bühnenautoren, Filmemachern oder Komponisten mit harten Worten durch den Wolf.

Mit den **Wölfen** heulen

Gesellschaftlich anpassen

Das gemeinsame, weit hörbare Heulen von Wolfsrudeln dient der Verständigung untereinander. Seit dem Spätmittelalter heulte man schon mit den Wölfen, wenn man sich für seine Äußerungen oder Handlungen entschuldigen wollte, die sich nach einer schlechten Gesellschaft ergaben. Das Sprichwort hat sich dahingehend verändert, dass man mit den Wölfen auch dann heult, wenn sich jemand einfach jeglicher Umgebung anpasst. In England heißt es: „who keeps company with wolves, will learn to howl", und schon Georg Agricola (1494–1555) meint: „Wer unter Wölfen ist, muss mitheulen". Sicher ist jedenfalls, dass das Mitheulen, wenn es nicht mit schlechtem Umgang verbunden ist, durchaus bindungsverstärkend wirken kann, wie bei einem Wolfsrudel. Ludwig Körner (1890–1968), Präsident des Deutschen Bühnenklubs Berlin, reimte deshalb treffend:

> „Mit den Wölfen muss man heulen,
> Eine alte Weisheit spricht,
> Aber mit dem Schwein zu grunzen,
> Braucht man drum noch lange nicht."

An diese Lebensweisheit sollten wir uns halten.

Du bist aber wieder **zickig**

Unerträgliches Verhalten

Kaum jemand ist alle Tage unterschiedslos gut drauf. Jeder durchlebt schon einmal ein Stimmungstief, ist aus irgendeinem Grund stocksauer oder sonstwie übellaunig. Dann genügt ein falsches Wort oder auch gar ein unmittelbarer bzw. nichtiger Anlass, um das Fass überlaufen zu lassen: Der/die Betroffene reagiert unüberlegt bis unberechenbar und ist dann nach Einschätzung seiner Mitmenschen zickig bzw. macht Zicken oder zickt einfach herum. Seinem Umfeld geht er/sie damit gewaltig auf den Senkel und wirkt schlicht unerträglich.

Diese Ausdrücke sind offenbar aus dem Verhaltensrepertoire der Ziegen bzw. Zicken entnommen: Haus- und Wildziegen hüpfen scheinbar unmotiviert und übermütig herum. Männliche Tiere treiben es dabei besonders bunt und vollführen ihre sprichwörtlichen Bocksprünge. Noch munterer sind die Jungtiere, gebietsweise Zicklein genannt. Zicken machen oder zickig sein, heißt demnach, sich nach Art der jungen Ziegen unkontrolliert und launisch aufzuführen.

Das gleiche Bild taucht auch in einem anderen Wortgewand auf. Der wissenschaftliche Gattungsname der Hausziege und ihrer wilden Vorfahren lautet *Capra*. Vom lateinischen *capra* leitet sich das Eigenschaftswort „kapriziös" ab, das man mit launisch, eigenwillig oder eben zickig übersetzen kann. So hat man in vornehmen Kreisen früherer Jahrzehnte die pubertierenden Teenies charakterisiert. Die unberechenbaren Bocksprünge werden dann folgerichtig zu Kapriolen. In der italienischen Variante taucht das Adjektiv in der Pizza Capricciosa auf und ist außerdem eine Tempobezeichnung für abwechslungsreiche, heitere Musikstücke (a capriccio). Peter Tschaikowsky nannte eine seiner bis heute beliebten Kompositionen von 1880 „Capriccio Italien". Die hört sich mit ihren vielen überraschenden Themen- und Tempowendungen ganz schön zickig an.

Und was die Natur sonst noch hergibt – Redensarten von Kleinkram

Das ist mir keinen Pfifferling wert – eine durchaus klare Absage an diese linke Bazille, die sich zwar für einen Glückspilz hält, aber immer so betont zundertrocken reagiert.

Die klassische Sicht, zurückgehend auf Aristoteles, teilt die lebende Natur nur in Pflanzen und Tiere ein. Geisteswissenschaftler bestehen zwar darauf, dass der Mensch sich außerhalb dieser Naturreiche bewegt, aber nach biologischen Kriterien ist er ganz klar ein Repräsentant des Tierreichs. Mit der auf Aristoteles zurückgehenden Unterscheidung nur von Pflanzen und Tieren kommt die moderne Biologie längst nicht mehr aus: Da wären beispielsweise die seltsamen Pilze, die nach aktueller Auffassung natürlich keine Pflanzen sind und tatsächlich dem Tierreich recht nahe stehen. Sie bilden nach modernem Verständnis ein eigenes Organismenreich. Bakterien, *vulgo* Bazillen, gehören ebenfalls weder zu den Pflanzen noch zu den Tieren oder Pilzen. Folglich stellen auch sie ein separates Organismenreich dar. Das fünfte Reich im Stammbaum der Lebewesen, die überaus typenreichen Einzeller, haben in der Alltagssprache überhaupt keine Spuren hinterlassen. Sie sind offenbar schlicht zu klein, um der Allgemeinwahrnehmung irgendwie aufzufallen. Allenfalls tritt hier die zugegebenermaßen selten zitierte „schleimige Amöbe“ in Erscheinung.

Du schleimige **Amöbe**

Heftiges Anbiedern

Bei den Kollegen macht man sich absolut zuverlässig unbeliebt, wenn man beim Abteilungsleiter ständig die eigenen Vorzüge herausstellt, damit sozusagen kritische Schleimspuren auslegt, auf denen andere straucheln, und somit einfach „schleimt". Der trittfeste Boden des täglichen Arbeitsumfeldes wird damit unversehens zum glitschigen Parkett, das niemand mehr besonders gerne betritt. Die kritische Wahrnehmung solchen Verhaltens durch die Arbeitskollegen kommt dann nicht selten zu der Feststellung: „Das ist aber eine schleimige Amöbe".

Eine solche Notierung ist – wie so oft bei begrifflichen Anleihen in der lebenden Natur – ein absoluter Rufmord an den betreffenden Arten. Die einzelligen und mikroskopisch kleinen Amöben mögen zwar als vergleichsweise einfache Lebewesen gelten, sind aber in ihrer Verwandtschaftsklasse tatsächlich schon bemerkenswert komplex organisiert. Ihre behutsamen, irgendwie äußerst bedächtigen und gerade deswegen so beeindruckenden Fließbewegungen faszinieren die Mikroskopiker schon seit Jahrzehnten. Die Mechanik der so einfach aussehenden Fließbewegungen war übrigens eine der besonderen Herausforderungen der zellbiologischen Forschung der letzten Jahrzehnte. Und noch etwas: Auch die meisten unserer weißen Blutzellen (Leukozyten) können ganz ähnliche, eben amöboide und damit spontan-aktive Bewegungen ausführen.

Die äußerst elegant fließenden Amöben als begriffliche Andockung für ein eher kritisches Verhalten im kollegialen Umfeld zu wählen, erscheint ein wenig unangemessen. Aber so funktioniert die Wahrnehmung der Natur mitunter: Bestimmte Sachverhalte werden auf vordergründige und geradezu plakative Notierungen reduziert.

Das ist eine linke **Bazille**

Ein echter Taugenichts

Definitiv nein – Bazillen haben in der allgemeinen Wahrnehmung wahrhaftig keinen guten Ruf. Diese Einschätzung teilen sie mit der Mehrzahl aller anderen Bakterien. Obwohl Bazillen nur eine bestimmte Form von Bakterien darstellen, nämlich stäbchenförmige Zellen (vom lateinischen *baculum* = Stab, Stock), ist ihr Ruf schon allein deswegen von vornherein ruiniert, weil es in dieser Organismengruppe eben auch eine

Anzahl wirklich gefährlicher Krankheitserreger vom Typhus bis zum tödlichen Wundstarrkrampf gibt. Die weitaus meisten Bakterien, darunter bezeichnenderweise die Milchsäure-Bakterien der Gattung *Lactobacillus*, sind aber für unser modernes Leben absolut unentbehrlich, denn sie managen die Umwandlung des verderblichen Versorgungsgutes Milch in lager- und marktfähige Produkte wie Joghurt oder Käse.

Diese bemerkenswert positiven Leistungen dieser hilfreichen Mikroorganismen werden aber gewöhnlich überhaupt nicht beachtet, wenn einfach nur von Bakterien die Rede ist. Als „Bazille" betitelt zu werden, ist demnach je nach Bildungsstand der gemeinten Person unter Umständen sogar ein Kompliment – aber es kommt dennoch nicht gut an, weil die Äußerung eindeutig eine eher beleidigende oder zumindest herabsetzende Notierung hat.

Keinen **Pfifferling** für etwas geben

Die Sache ist mir nichts wert

Der in vielen Gegenden nur noch selten vorkommende Pfifferling oder Eierschwamm gilt weithin als vorzüglicher Speisepilz. Schaut man sich die heute üblichen Markt- oder Restaurantpreise für die Delikatesse an, so ist seine in der Redensart klar anklingende Wertlosigkeit kaum nachzuvollziehen. Tatsächlich scheint dieser Pilz in früheren Jahrhunderten zumindest regional geradezu massenhaft vorgekommen zu sein. Jedenfalls lässt sich so eine ausdrücklich auf den Pfifferling bezogene Formulierung in Hans Sachs' (1494–1576) hübscher Geschichte vom Schlaraffenland deuten. So stand die Art als kulinarisches Ereignis früher weniger hoch im Ansehen, denn das Angebot regulierte auch hier schon immer den Preis. Die gleiche geringe Wertschätzung zeigt sich ferner in „das ist mir keinen Pfifferling wert" sowie „die Angelegenheit kümmert mich einen Pfifferling". Außerdem gibt es die umgangssprachliche Formulierung „einen Pfifferling von etwas haben", nämlich rein gar nichts.

Wie Pilze aus dem Boden schießen

Unerwartet rasch zum Vorschein kommen

Obwohl viele Menschen die Pilze zumindest auf dem Umweg über Kochbuch oder Menükarte schätzen, sind ihnen diese seltsamen Lebewesen auf Wiesen, Brachland oder im Wald nicht ganz geheuer. Pilze fühlen sich oft ein wenig schleimig an, wachsen in geheimnisvollen Kreisen („Hexenringen"), verbreiten fallweise einen fürchterlichen Gestank oder enthalten je nach Art sogar tödliche Gifte. Auch das sprichwörtlich rasche Wachstum, das sie gleichsam über Nacht aus der Erde schießen lässt, macht sie ziemlich mysteriös. So verwundert es eigentlich auch nicht, dass man für das Auftauchen der Pilze noch bis ins 19. Jahrhundert den Satan, die Hexen oder Blitz und Donner verantwortlich machte. Eine 1804 erschienene Schrift bringt sie gar mit Sternschnuppen in Zusammenhang.

Wenn man von Pilzen spricht, sind eigentlich immer die Fruchtkörper, nämlich die auffälligen Pilzhüte oder Schwammerl, gemeint. Der eigentliche Pilzorganismus ist dagegen das meist ziemlich unauffällige Fadengeflecht (Myzel), das den Waldboden oder morsches Holz durchwuchert und geradezu gigantische Ausmaße erreichen kann.

Wenn die Außenbedingungen (vor allem Feuchtigkeit und Temperatur) stimmen, wachsen die Pilzfruchtkörper tatsächlich enorm schnell, hervorgerufen durch ständige Vergrößerung der Pilzbiomasse und durch eine starke Wasseraufnahme in die Zellen. Das Bild der geradezu aus dem Erdboden schießenden Pilze übertrug man im 20. Jahrhundert auf die rege Bautätigkeit vor allem in der Zeit nach dem Zweiten Weltkrieg. Wohnsiedlungen schossen ebenso wie Einkaufszentren, Tankstellen oder Freizeiteinrichtungen wie Pilze aus dem Boden.

Apropos „schießende" Pilze: Es gibt tatsächlich eine Pilzgattung (*Pilobolus*), die ihre im Reifezustand unter enormem Druck stehende Sporenmasse nach bester Artilleriemanier meterweit in die Umgebung schießt. Diese bemerkenswerte Kanonade ereignet sich fast immer auf Pferdeäpfeln, die einige Zeit auf der Pferdekoppel liegen blieben.

Du bist aber ein Glücks**Pilz**!

Glück auf Umwegen

Hufeisen, Schornsteinfeger und ein vierzähliges Kleeblatt sind die üblichen symbolstarken Glücksbringer in den ohnehin mit allerhand abergläubischen Begleitritualen inszenierten Partys zum Jahresausklang bzw. -anfang. Auch ein herziges rosa Glücksschwein aus Marzipan gehört dazu, und oft krönt die ganze Symbolanhäufung noch ein Glückspilz mit weißem Stiel und rotem, weißfleckigem Hut: Hier hat nun ganz unverkennbar der bekannte Fliegenpilz Modell gestanden. Zweifellos ist er unter den heimischen Waldpilzen einer der hübschesten und wurde neben dem Champignon sozusagen zum Pilz schlechthin. Aber wieso Glückspilz?

Pilz(koch)bücher warnen zu Recht davor, den dekorativen Fliegenpilz einfach in die Pfanne zu schnippeln, denn er ist ziemlich giftig. Immerhin ist er der nächste Verwandte der tödlich toxischen Knollenblätterpilze. Sein Genuss geht erheblich auf die Nerven, denn einige seiner Inhaltsstoffe (vor allem die Ibotensäure und ihre Abkömmlinge) lösen – je nach Menge – schwere Rauschzustände aus. Diese Verbindungen sind ähnlich aufgebaut wie die Signalstoffe, die im Gehirn nach Bedarf die Kontaktstellen zwischen bestimmten Neuronen freischalten, und können daher deren Wirkung imitieren. Mit dem Fliegenpilz auf einen Traum-Trip zu gehen, galt zeit- und gebietsweise als besonderes Glückserlebnis – das „Männlein im Walde" stand deshalb vor allem bei den Naturvölkern in Nord- und Osteuropa in hohem Ansehen. Vom ritualisierten Drogenkonsum zum allgemeinen Glückssymbol war es offenbar nur ein kurzer Weg. Angesichts der erwiesenen Gefährlichkeit der Fliegenpilzinhaltsstoffe, die unkontrolliert in den Gehirnstoffwechsel eingreifen, ist eher derjenige ein ausgesprochener Glückspilz, der mit Rauschdrogen nichts zu tun hat.

Brennen wie **Zunder**

Raschelttrocken und leicht entflammbar

Bis zu 50 Zentimeter breit und 25 Zentimeter dick werden die braungrauen Zunderschwämme (*Fomes fomentarius*, von lat. *fomes* = Brennmaterial) und stellen damit auffällige und eindrucksvolle Konsolenpilze an den Stämmen kränkelnder Birken und Buchen dar. Vor der Erfindung von Streichhölzern in der ersten Hälfte des 19. Jahrhunderts hatte Zunder, das feste, getrocknete Hutfleisch des Pilzes, große Bedeutung beim An"zünden" von Feuer. Mit Zunderstücken fing man die Funken auf, die beim Aufeinanderschlagen von „Feuerstein" (Silex) oder später Metall davonflogen. Durch kräftiges Anblasen brachte man den Zunder zum Glühen und konnte daran wiederum trockenes Reisig oder harzreiche Kiefernholzstreifen bzw. -zapfen (= Kienspan) entfachen. Ein geübter Zündtechniker konnte auf diese Weise in etwa einer Minute ein loderndes Feuer entzünden. Um die Glimmfähigkeit zu verbessern, tränkte man den geernteten und von seiner zähen Huthaut befreiten Pilz mit Salpeterlösungen. Im einfachsten Fall genügte dazu schon Urin. Wie der Mensch auf diese seltsame Technik kam, ist völlig rätselhaft.

Ursprünglich zündete man auf ähnliche Weise auch die umständlich zu handhabenden Vorderladergewehre und sogar die ersten Kanonen. Das Gewehrschloss schlug den Funken, die dadurch aufglimmende Zunderportion entfachte das Schießpulver und dessen explosives Abfackeln trieb schließlich das Geschoss aus dem Lauf.

Diese Technik des Anfeuerns war offenbar bereits in vorgeschichtlicher Zeit bekannt. Schon der 1991 per Zufall gefundene und rund 5000 Jahre alte „Ötzi", der berühmte, heute ín Bozen zu sehende Eismann vom Hauslabjoch im österreichisch-italienischen Grenzgebiet, trug in seiner Ausrüstung als Feuerzeug auch eine Portion Zunder mit sich herum und außerdem einen Köcher aus Birkenholz, der möglicherweise zum Aufbewahren und Transportieren von Glut diente.

Register

(eingerückt: im Haupttext erwähnte weitere Redensarten))

Abbildungsnachweis

10: Fernande – wikimedia commons; 11: Andrii_Oliinyk – istockphoto.com; 12: Finavon – wikimedia commons; 15: Staszek99 – wikimedia commons; 16: email24.de; 17: ArtMechanic – wikimedia commons; 18: Parvathisri – wikimedia commons; 20: WBG-Archiv; 21: Fice – wikimedia commons; 22: WBG-Archiv; 23 oben: CarolSpears – wikimedia commons; 23 unten: George McFinnigan – wikimedia commons; 24: Tarawneh – wikimedia commons; 25: Ercé – wikimedia commons; 26: pixabay.com; 27: warszawianka – openclipart.org; 28: Buzz – wikimedia commons; 29: Eisenacher – wikimedia commons; 31: Augiasstallputzer – wikimedia commons; 32: pixabay.com; 33: CSA-Images – istockphoto.com; 34: djama – Fotolia.com; 35: marcojuliofarina – Fotolia.com; 36: Paul Barlow – wikimedia commons; 37: Fir0002 – wikimedia commons; 38: Editor at Large – wikimedia commons; 39: diez-artwork – Fotolia.com; 40: CSvBibra – wikimedia commons; 42: WBG-Archiv; 43: Beta757 – Fotolia.com; 45: Slick-o-bot – wikimedia commons; 46: Yair-haklai – wikimedia commons; 48: www.kostenlose-ausmalbilder.de; 49: www.kostenlose-ausmalbilder.de; 50: Scewing – wikimedia commons; 51: Evgeny Skidanov – Fotolia.com; 52: WBG-Archiv; 53: Nyo – wikimedia commons; 54 oben: Holger Thölking – wikimedia commons; 54 unten: pixabay.com; 55: Bellott – istockphoto.com; 56: Immanuel Giel – wikimedia commons; 57 oben: Gabor – wikimedia commons; 57 unten: Frank Schulenburg – wikimedia commons; 58: Editor at Large – wikimedia commons; 60: WBG-Archiv; 61: Libera – wikimedia commons; 62 oben: snyggg.de – Fotolia.com; 62 unten: mecaleha – istockphoto.com; 64: Chick Bowen – wikimedia commons; 65: Reimer – Pixelvario – Fotolia.com; 66: Bruno P. Kremer; 67: Ineuw – wikimedia commons; 68: Collard – wikimedia commons; 69: Rasbak – wikimedia commons; 70: www.weleda.de; 71: eric 6007 – istockphoto.com; 72: pixabay.com; 74: npps48 – Fotolia.com; 75: Quentar – wikimedia commons; 76: WBG-Archiv; 79: WBG-Archiv; 80: WBG-Archiv; 82: nicoolay – istockphoto.com; 83: Citron – wikimedia commons; 84: WBG-Archiv; 85: leopoldshoehe.de; 86: Haukurth – wikimedia commons; 88: Fastfission – wikimedia commons; 89 oben: Luigi Chiesa – wikimedia commons; 89 unten: Erica Guilane-Nachez – Fotolia.com; 90: pixabay.com; 91: lynea – Fotolia.com; 93: BrokenSphere – wikipedia commons; 94: WBG-Archiv; 95: Dl91 m – wikipedia commons; 96: lynea – Fotolia.com; 97: pixabay.com; 99: lynea – Fotolia.com; 101: vbel71 – Fotolia.com; 102: lynea – Fotolia.com; 103: Bibliographisches Institut, Berlin; 104: WBG-Archiv; 105: Kreatiw – Fotolia.com; 106: Shyamal – wikimedia commons; 107: DcoetzeeBot – wikimedia commons; 108: WBG-Archiv; 110: scusi – Fotolia.com; 111: Quadell – wikimedia commons; 112: Fc – wikimedia commons; 113: WBG-Archiv; 114: WBG-Archiv; 117: Jastrow – wikimedia commons; 119: chronicler – Fotolia; 120: pixabay.com; 122: Snowmanradio – wikimedia commons; 123: NobbiP – wikimedia commons; 124: Mturtle – wikimedia commons; 126: WBG-Archiv; 127: FLLL – wikimedia commons; 128: WBG-Archiv; 129: WBG-Archiv; 130 oben: laineybeatson – deviantart.net; 130 unten: freepik.com; 131: WBG-Archiv; 132: Bernadette E. Kazmarski; 133: downloadclipart.net; 134 oben: barsranch.net; 134 unten: WBG-Archiv; 135: WBG-Archiv; 136: agrino – istockphoto.com; 137: WBG-Archiv; 138 oben: Iketsi – wikimedia commons; 138 unten: CommonismNow – wikimedia commons; 139: Shyamal – wikimedia commons; 140: DcoetzeeBot – wikimedia commons; 141 oben: WBG-Archiv; 141 unten: WBG-Archiv; 142: Mefusbren69 – wikimedia commons; 143: WBG-Archiv; 144 oben: Immanuel Giel – wikimedia commons; 144 unten: WBG-Archiv; 145: Böhringer – wikimedia commons; 146 oben: WBG-Archiv; 146 unten: WBG-Archiv; 147 oben: WBG-Archiv; 147 unten: asmakar – Fotolia.com; 148: Mzilikazi1939 – wikimedia commons; 149: Retron – wikimedia commons; 150: Kuebi – wikimedia commons; 152: Sasha_krasivo – istockphoto.com; 153: Rainer Zenz – wikimedia commons; 154: Andrii_Oliinyk – istockphoto.com; 155: Tony Wills – wikimedia commons; 156: Überraschungsbilder – wikimedia commons